朱 梅 李晓乐 编著

节水灌溉技术和智能灌溉机械

中国科学技术大学出版社

内 容 简 介

本书内容包括节水灌溉工程技术概述、农田水分利用基本原理、喷灌与微灌技术、节水灌溉工程新技术与发展方向、智能灌溉机械控制系统研发和智能节水灌溉工程案例,帮助读者快速了解节水灌溉技术和智能灌溉机械。书后附有参考文献,方便读者进一步查找;对于希望深入了解的读者,本书提供阅读建议,读者可根据自身需求,进一步查阅相关资料。

本书可作为读者快速了解节水灌溉技术和智能灌溉机械的参考书籍。

图书在版编目(CIP)数据

节水灌溉技术和智能灌溉机械/朱梅,李晓乐编著.—合肥: 中国科学技术大学出版社,2024.4

ISBN 978-7-312-05962-9

Ⅰ.节… Ⅱ.①朱…②李… Ⅲ.①节约用水—农田灌溉 ②灌溉机械 Ⅳ.①S275 ②S277.9

中国国家版本馆CIP数据核字(2024)第067851号

节水灌溉技术和智能灌溉机械

JIESHUI GUANGAI JISHU HE ZHINENG GUANGAI JIXIE

出版 中国科学技术大学出版社
安徽省合肥市金寨路96号,230026
http://press.ustc.edu.cn
https://zgkxjsdxcbs.tmall.com
印刷 合肥市宏基印刷有限公司
发行 中国科学技术大学出版社
开本 710 mm×1000 mm 1/16
印张 9
字数 170千
版次 2024年4月第1版
印次 2024年4月第1次印刷
定价 40.00元

前　　言

　　节水灌溉是为了充分利用灌溉水资源,提高水的利用率和利用效率,达到农作物高产、高效而采取的技术措施。《全国农业可持续发展规划(2015—2030)》指出,确立农田灌溉用水量和灌溉水利用系数红线,2030年全国农田灌溉水的有效利用系数须达到0.6以上。故大力发展农业节水灌溉技术,提高农业水资源利用效率,是缓解我国水资源短缺问题的关键。切实强化高效节水灌溉技术研究,大力推广应用高效节水灌溉技术,既是转变农业灌溉方式,实现农业和水利现代化的客观要求,也是深入贯彻党的二十大精神、积极践行国家节水行动的迫切需要。笔者结合当前节水灌溉技术及智能灌溉机械装备发展的现状,组织编写了本书。

　　本书内容包括节水灌溉工程技术概述、农田水分利用基本原理、喷灌与微灌技术、节水灌溉工程新技术与发展方向、智能灌溉机械与控制系统研发、智能节水灌溉工程案例,帮助读者快速了解节水灌溉技术和智能灌溉机械。书后附有参考文献,方便读者进一步查找;对于希望深入了解的读者,本书提供阅读建议,读者可根据自身需求,进一步查阅相关资料。

　　本书的编写得到安徽省教育厅新时代育人质量工程项目(研究生教育)建设资助,对此表示衷心的感谢!

　　由于国内外节水灌溉技术处在快速发展和探索阶段,加之编者水平有限,书中缺点错误在所难免,恳请读者批评指正。

编　　者

2023年10月

目　　录

第一章　节水灌溉工程技术概述

第一节　节水灌溉基本概念及内涵

本节介绍节水灌溉工程的定义及内涵,阐述节水灌溉的技术,并分析发展节水灌溉工程的意义。

一、节水灌溉定义

《节水灌溉工程技术标准》(GB/T 50363—2018)中将节水灌溉定义为:根据作物需水规律和当地供水条件,高效利用降水和灌溉水,以取得农业最佳经济效益、社会效益和环境效益的综合措施。节水灌溉不仅包括灌溉过程中的节水措施,还包括与灌溉密切相关、提高农业用水效率的其他措施,如雨水蓄积、土壤保墒、井渠结合、灌溉渠系优化配水和用水管理措施等。将自然界的水转化为农作物产量,一般要经过4个环节:

(1) 水资源进行合理开发,使其成为农业可用水源。

(2) 将水从水源输送至田间。

(3) 把引入田间的水,均匀地分配到灌溉的区域并储存到土壤中。

(4) 作物经根系吸收土壤水,通过作物体内生理、生化过程转化形成经济产量。

二、节水灌溉的内涵

(1) 合理开发农用水资源

农用水资源包括降水、地表水、地下水、土壤水和经过净化处理的中水或劣质水。农用水资源的合理开发,是指采取必要的工程技术措施,对天然状态下的水进行有目的的干预、控制和改造,在维护生态平衡条件下,为农业生产提供定水量的活动。

（2）修建输配水工程，将水从水源送到田间

把水从水源引入，输送到田间是通过修建输配水工程来实现的。渠道和管道是我国农田灌溉最主要的输水工程，但传统的土渠输水渗漏损失大，占到输水量的50％～60％，一些土质较差的渠道输水损失高达70％。衡量输水工程的输水有效程度可用渠系水利用系数表示，即通过末级固定渠道进入田间的总水量与渠首引进的灌溉总水量的比值。由于输水损失中主要是渗漏损失，所以渠系水利用系数的高低既反映了输配水工程质量，也反映了水源调度及渠系管理运行的质量。因此，渠系水利用系数越低，则表明灌溉水从水源输送至田间过程中的水量损失越大，反之亦然。实践证明，采用渠道防渗或管道输水可大幅度减少输水损失，显著提高渠系水利用系数。但我国渠道防渗和低压管道输水所占的比例很低。因此，大力发展渠道防渗和低压管道输水是我国节约灌溉用水的主要技术措施。

（3）采用田间工程技术把引入田间的水均匀地分配到指定的灌溉面积上

把引入田间的水均匀地分配到指定的灌溉面积上，储存在土壤中转化为土壤水，是通过田间工程来实现的，一般可采用沟灌、畦灌、格田灌等传统地面灌溉技术；间歇灌、水平畦田灌等改进地面灌溉技术；喷灌、微灌等先进流溉技术。无论采用何种灌水技术，将引入田间的灌溉水转化为土壤水的过程中都会有水量的损失，如蒸发漂移、深层渗漏和地面径流等损失。衡量这个损失的程度可用田间水利用系数来表示，它是指同一时期内，田间实际灌水面积计划湿润层内土壤中得到的净水量与灌区末级固定渠道供给田间总水量的比值。田间水利用系数越大，则田间灌溉水损失越小。田间水有效利用程度与土地平整、土壤质地、耕作措施以及采用的田间工程等密切相关。

从水源引水到田间灌水这个过程为节约灌溉用水所采取的技术措施，称为工程节水措施，在衡量从水源引水到田间形成土壤水过程中，灌溉水有效利用程度的指标用灌溉水利用系数来表示。灌溉水利用系数是指灌入田间存储在土壤中的有效水量与渠首引进总水量的比值，是集中反映灌溉工程质量、灌溉技术水平和管理水平的一项综合性指标。工程节水措施尽管不与作物形成产量直接发生关系，但却是当前节水灌溉技术的主要因素。

提高降水的利用率也是节水灌溉的一个重要方面。在灌溉农田上，利用降水则意味着少用灌溉水。因此，充分有效地利用降水，也是节水灌溉技术的一项重要措施。降水的利用集中在田间，衡量降水有效程度的指标一般用降水有效利用系数表示，其数值与降水总量、每次降水强度及降水延续时间、土壤性质、作物生长与地面覆盖情况、计划湿润层深度等因素有关。不同地区、不同作物和不同年份的降

水有效利用系数各不相同,且必须通过实地观测试验求得。为了提高降水有效利用系数,目前一般采取耕作和地表覆盖等技术措施,目的是减少因田面降水的蒸发、形成地表径流以及深层渗漏所引起的降水量损失。

(4) 作物从农田土壤中获取水分形成产量

作物从农田土壤中获取水分到形成产量,是通过作物对土壤水的吸收、运输和蒸腾来完成的。根系是作物吸水的主要器官,它从土壤中吸收大量的水分,满足作物生长发育的需要。作物从土壤中吸收的水分,只有极小部分用于代谢,通过光合作用和作物体内复杂的生理、生化过程转化成经济产量,绝大部分都以蒸腾的形式散发到体外。在作物吸收的总水量中,能利用的只占$1\%\sim5\%$,作物的蒸腾过程和光合作用是同步进行的,当水汽通过开着的气孔扩散进入大气时,光合过程需要CO_2同时通过气孔进入叶片;当供水不足而使气孔部分关闭导致蒸腾受阻时,CO_2的吸收也同时受阻,从而使光合作用减弱,作物产量降低。因此,作物的蒸腾是必不可少的。对于节水灌溉来说,就是要提高蒸腾的效率,即在保证作物必要的蒸腾条件下,尽可能提高作物的产量。作物形成产量过程中对水分的需求除了蒸腾外,还有棵间蒸发和构成植株体所需的水量,这就是作物需水量。由于构成植株体的水量与蒸腾及棵间蒸发量相比其量极小,一般小于它们之和的1%,可忽略不计。因此,作物需水量可认为是作物在一定产量条件下,植株蒸腾量和棵间蒸发量之和,也称为腾发量、农田总蒸发量。在任意土壤水分条件下的作物需水量也称作物耗水量,对于水稻田,必要的农田水分消耗除了蒸发蒸腾外,还包括适当的渗漏量。通常把水稻蒸发蒸腾量与稻田渗漏量之和称为水稻田耗水量。衡量农田水分利用效率程度的指标是水分生产率,它是单位面积平均产量与单位面积平均净灌溉水量、土壤储水量差值和有效降水量及地下水补给量之和的比值,也即是作物产量与水分投入量的比值。这里的水分投入量也就是腾发量,对于水稻田还包括适当的渗漏量。因此,水分生产率是集中反映作物对水分的利用效率的一项综合性指标,主要是灌水技术产生的节水效果。

(5) 管理节水

管理节水是节水灌溉的重要组成部分。实践证明,灌溉节水潜力的50%是在管理上。因此,从水源到作物产量形成的整个用水过程中,都要做好管理工作,采用先进的节水管理技术,这些技术包括制定节水灌溉制度、土壤墒情监测与灌溉预报技术、优化配水技术、量水技术和现代化管理新技术。由此可见,节水灌溉技术不是一种单一技术,而是由工程节水技术、农艺节水技术和管理节水技术组成的一种技术体系,实施这种技术体系的根本目的是最大限度地减少从水源通过输水、配水、灌水直至作物耗水过程的损失,最大限度地提高单位耗水量的作物产量和产值。

第二节　节水灌溉工程技术

一、节水灌溉工程

节水灌溉工程即通过各种工程手段,利用目前已有的节水灌溉技术,减少输配水过程中跑水和漏水损失以及田间灌水过程中深层渗漏损失,实现灌溉用水的高效利用,进而实现高效节水,最终达到农业生产的最佳经济效益、社会效益和生态效益。

二、节水灌溉技术

目前运用较为广泛的节水灌溉技术有渠道防渗技术、管道输水技术、喷灌和微灌技术。

（1）渠道防渗技术

渠道输水是大多数国家的主要输水手段,我国各类灌区渠道总长度为306.87万千米,大多数为土渠,水的渗漏损失很大。通过对渠床土壤处理或建立不易透水的防护层,加砼护面、浆砌石衬砌、沥青混凝土防渗、土工膜防渗等多种方法,既可减少输水渗漏损失,加快输水速度,又可提高浇地效率,减少渠道断面,节省渠道占地。与土渠相比,混凝土护面可减少渗漏损失80%~90%,浆砌石衬砌减少渗漏损失60%~70%,土工膜防渗减少渗漏损失90%以上,有的工程可达98%以上。渠道防渗技术不仅可以显著地提高渠系水利用系数,减少渠水渗漏,节约大量灌溉用水,而且可以提高渠道输水安全保证率,提高渠道抗冲性能,增加输水能力。

（2）管道输水技术

管道输水技术就是利用管道代替明渠的一种节水灌溉技术,在农田水利灌溉中应用十分广泛。通过用塑料管或砼管等管道输水代替土渠输水到田间实施灌溉,能够减少外界因素对灌溉的影响。管道输水效率高、占地少、易管理,水的输送有效利用率可达95%。灌溉渠道管道化已成为各国的共同发展趋势,美国约有50%的大型灌区实行了输水管道化,全国新建灌溉渠道50%以上也都实现了管道化。输水管网系统是管道输水的重要基础,包含了多个管道、分水设施以及保护装置等,能够为其他灌溉技术提供支持,实现大面积的农田灌溉。

（3）喷灌与微灌技术

喷灌是利用水泵和管道系统,在一定的压力下把水喷到空中,碎成细小的水滴,均匀降落在田间,为作物正常生长提供必要水分条件的一种先进灌溉方式。又被称为喷洒灌溉,有显著的节水增产效益。与一般地面灌溉方式相比,喷灌能将水的利用系数提高30%～50%,喷灌在节水的同时,还具有增产、省地、保土、保肥、适应强,可综合利用及便于实现灌溉机械化、自动化的优点。因此,在实现我国农业机械化过程中,喷灌将起到非常重要的作用。

微灌是根据作物需水要求,通过低压管道系统与安装在末级管道上的灌水器,将作物生长所需的水分和养分以较小的流量均匀、准确地直接输送到作物根部附近的表面或土层中的灌水方法。微灌是一种现代化、精细高效的节水技术,包括滴灌、微喷灌、涌泉灌和渗灌等,是用水效率非常高的节水技术。与地面灌和喷灌相比,它是局部灌溉,具有省水节能、灌水均匀、适应性强、操作方便等优点。

三、田间节水灌溉工程技术

地面漫灌仍是当今世界采用较多的灌水方式,由于这一古老传统方法存在较为严重的浪费水现象,因此在水资源日益短缺的今天,各国科技人员及广大农民在实践中都研究或摸索出许多具有明显节水增产效果的田间节水灌溉方式或方法。

（1）膜上灌或栽培技术是在地膜栽培的基础上,把以往的地膜旁侧灌水改为膜上灌水,水沿放苗孔和地膜旁侧渗水对作物进行灌溉,与常规沟灌玉米、棉花相比可省水40%～60%。膜上栽培是辽宁省绥中县农民为了在地下水位低、渗漏又较严重的土壤条件下发展稻田,而通过多年实践摸索出的一种方法。即在水稻耕作层一定深度下,大面积铺设一层塑料膜以解决灌溉水田间渗漏损失的难题。

（2）波涌灌溉也称间歇灌,做法是先用较大流量把水推进一段距离,暂停灌水,间隔一定时间之后再次放水,如此时断时续,使水流呈波涌状推进。由于这种灌水方法水流推进速度快,土壤孔隙会自动关闭,在土壤表层形成一个薄封闭层,大大减少深层渗漏。

（3）地面浸润灌溉是20世纪80年代日本研究出的一种新型地面灌溉技术。灌水作业时由于土壤借助毛管吸力自动地从一个含水层的散发器吸水,当土壤达到一定饱和度时,吸力变小,系统自动停止供水。

（4）地下暗灌技术是把灌溉水输入地面以下铺设的透水管道或采取其他工程措施普遍抬高地下水位,依靠土壤的毛细管作用浸润根层土壤,供给作物所需水分的灌溉工程技术。地下暗管根据供水方式的不同可分为地下浸润灌溉、地下管道灌溉和地下暗排、暗灌两用系统。

（5）抗旱点浇技术是为解决播种期土壤墒情不足的问题，群众在实践中创造的抗旱点浇（俗称"坐水种"）的方法，即在土坑内浇少量水、下种、覆土。过去多靠人力作业，近年来已由机械将开沟、注水、播种、施肥、覆土等多道工序一次完成。与常规沟灌玉米相比，可节水90%，增产15%～20%。

（6）沟畦改造灌水技术是在精细平整土地的基础上大畦改小畦，长沟改短沟，使沟畦规格合理化。一般可比常规沟畦灌减少灌水定额50%，增产10%～15%。激光整地、波涌灌溉现代先进的技术正在逐渐得到研究采用。

（7）耕作保墒技术采用深耕松土、镇压、耙糖保墒、中耕除草、增强有机肥、改善土壤结构等耕作方法，可以疏松土壤，增大活土层，增强雨水入渗速度和入渗量，减少降雨径流损失，切断毛细管，减少土壤水分蒸发量，既可提高天然降水的蓄积能力，又可减少土壤水分蒸发量，保持土壤墒情，是一项行之有效的节水技术措施。

（8）覆盖保墒技术是在耕地表面覆盖塑料薄膜、秸秆或其他材料可以抵制土壤蒸发，减少地表径流，蓄水保墒，提高地温，培肥地力，改善土壤物理性状，提高水的利用率，促进作物增产。秸秆覆盖一般可节水15%～20%，增产10%～20%。塑膜覆盖可增加耕层土壤水分1%～4%，节水20%～30%，增产30%～40%。

（9）优选抗旱品种调整种植结构是指根据当地的降水分布、干旱发生规律和水分特性，因地制宜地选择耐旱作物品种。在优化种植结构下，选用抗旱、节水、高产品种，一般可较原主栽品种增产10%～15%，水分利用效率也有显著提高。

第三节　发展节水灌溉工程的意义

当今世界面临着人口、资源与环境三大问题，水资源是各种资源中不可替代的一种重要资源。水资源与环境密切相关，也与人口间接有关，因此水资源问题已成为举世瞩目的重要问题之一。水资源短缺问题是影响我国经济可持续发展的主要问题之一。我国人均水资源仅有2100 m³，是世界平均水平的28%，其中农田灌溉用水占66%。因此，在农业生产过程中，需要切实提高水资源利用率，采取长效措施降低农田灌溉用水总量，保证我国经济可持续发展。农业节水灌溉工程的有效应用在提高水资源利用率的同时进一步增加了农业产量，是推动农业现代化发展的重要保障。发展节水灌溉工程具有以下优点及意义：

（1）可以减少当前和未来的用水量，维持水资源的可持续利用。

（2）提高水资源的利用率，增加农作物产量，提高农作物品质，节约劳动力，增加效益；有效提升作物的灌溉保证率，大幅度提高作物产量，缓解了当地水资源供需矛盾，有效改善灌排条件、土壤条件、耕作条件，地下水开采量减少，在降水量较为充分、地下水补给好的区域，将非充分灌溉区转变为充分灌溉区，全面提高作物产量，保证水资源的可持续利用。同时，农田小气候得到有效调节，进一步提高农业生产效率，为农业的可持续发展提供先决条件。

（3）增强对干旱的预防能力，短期节水措施可以带来立竿见影的效果，而长期节水则因大大降低水资源的消耗量而能够提高正常时期的干旱防备能力。

（4）推动现代化农业的发展进程，加快农业结构调整步伐。

（5）具有明显的环境效益，除了提高水资源承载能力、水环境承载能力等方面的效益外，还有美化环境、维护河流生态平衡等方面的效益。

第二章　农田水分利用基本原理

第一节　农田水分状况

农田水分状况系指农田地面水、土壤水和地下水的多少及其在时间上的变化。一切农田水利措施,归根结底都是为了调节和控制农田水分状况,以改善土壤中的气、热和养分状况,并给农田小气候以有利的影响,达到促进农业增产的目的。因此,研究农田水分状况对于农田水利的规划、设计及管理工作都有十分重要的意义。

一、农田水分存在的形式

农田水分存在三种基本形式,即地面水、土壤水和地下水,而土壤水是与作物生长关系最密切的水分存在形式。土壤水按其形态不同可分为气态水、吸着水、毛管水和重力水等。

(1) 气态水是存在于土壤空隙中的水汽,有利于微生物的活动,故对植物根系有利。由于数量很少,在计算时常略而不计。

(2) 吸着水包括吸湿水和薄膜水两种形式:吸湿水被紧束于土粒表面,不能在重力和毛管力的作用下自由移动;吸湿水达到最大时的土壤含水率称为吸湿系数。薄膜水吸附于吸湿水外部,只能沿土粒表面进行速度极小的移动;薄膜水达到最大时的土壤含水率,称为土壤的最大分子持水率。

(3) 毛管水是在毛管作用下土壤中所能保持的那部分水分,亦即在重力作用下不易排除的水分中超出吸着水的部分。分为上升毛管水及悬着毛管水,上升毛管水系指地下水沿土壤毛细管上升的水分。悬着毛管水系指不受地下水补给时,上层土壤由于毛细管作用所能保持的地面渗入的水分(来自降雨或灌水)。

(4) 重力水是指土壤中超出毛管含水率的水分在重力作用下很容易排出的这部分水。

在这几种土壤水分形式之间并无严格的分界线,其所占比重视土壤质地、结构、有机质含量和温度等而异。可以假想在地下水面以上有一个很高(无限长)的土柱,如果地下水位长期保持稳定,地表也不发生蒸发入渗,则经过很长的时间以后,地下水面以上将会形成一个稳定的土壤水分分布曲线。这个曲线反映了土壤负压和土壤含水率的关系,即土壤水分特征曲线这一曲线可通过一定试验设备确定。在土壤吸水和脱水过程中取得的水分特征曲线是不同的,这种现象常称为滞后现象。曲线表示吸力(负压)随着土壤水分的增大而减少的过程。在曲线中并不能反映水分形态的严格的界限。

根据水分对作物的有效性,土壤水也可分为无效水、有效水和过剩水(重力水)。吸着水紧缚于土粒的表面,一般不能为作物所利用。低于土壤吸着水(最大分子持水率)的水分为无效水。当土壤含水率降低至吸湿系数的1.5~2.0倍时,就会使植物发生永久性凋萎现象。这时的含水率称为凋萎系数。不同土质,其永久凋萎点含水率是不相同的。相应的土壤负压变化于$(7\sim40)\times10^5$ Pa(10^5 Pa=1巴=0.987大气压)之间,一般取为15×10^5 Pa。凋萎系数不仅决定于土壤性质,而且还与土壤溶液浓度、根毛细胞液的渗透压力、作物种类和生育期有关。重力水在无地下水顶托的情况下,很快排出根系层,在地下水位高的地区,重力水停留在根系层内时,会影响土壤正常的通气状况,这部分水分有时称为过剩水。在重力水和无效水之间的毛管水,容易为作物吸收利用,属于有效水。一般常将田间持水率作为重力水和毛管水以及有效水分和过剩水分的分界线。在生产实践中,常将灌水两天后土壤所能保持的含水率叫作田间持水率。相应的土壤负压约为$(0.1\sim0.3)\times10^5$ Pa。由于土质不同,排水的速度不同,因此排除重力水所需的时间也不同。灌水两天后的土壤含水率,并不能完全代表停止重力排水时的含水率。特别是随着土壤水分运动理论的发展和观测设备精度的提高,人们认识到灌水后相当长时间内土壤含水率在重力作用下是不断减少的。虽然变化速率较小,但在长时间内仍可达到相当数量。因此,田间持水率并不是一个稳定的数值,而是一个时间的函数,田间持水率在农田水利实践中无疑是一个十分重要的指标,但以灌水后某一时间的含水率作为田间持水率,只能是一个相对的概念。

二、旱作地区农田水分状况

旱作地区的各种形式的水分,并非全部能被作物所直接利用。如地面水和地下水必须适时适量地转化成为作物根系吸水层(可供根系吸水的土层,略大于根系集中层)中的土壤水,才能被作物吸收利用。通常地面不允许积聚水量,以免造成洪涝,危害作物。地下水一般不允许上升至根系吸水层以内,以免造成渍害,因此地下水只能通过毛细管作用上升至根系吸水层,供作物利用。这样,地下水必须维持在根系吸水层以下一定距离处。

作物根系吸水层中的土壤水,以毛管水最容易被旱作物吸收,它是对旱作物生长最有价值的水分形式。超过毛管水最大含水率的重力水,一般都下渗流失,不能为土壤所保存,因此,很少能被旱作物利用。同时,如果重力水长期保存在土壤中,也会影响到土壤的通气状况(通气不良),对旱作物生长不利。所以,旱作物根系吸水层中允许的平均最大含水率,一般不超过根系吸水层中的田间持水率。当根系吸水层的土壤含水率下降到凋萎系数以下时,土壤水分也不能为作物利用。

当植物根部从土壤中吸收的水分来不及补给叶面蒸发时,便会使植物体的含水量不断减少,特别是叶片的含水量迅速降低。这种由于根系吸水不足以致破坏了植物体水分平衡和协调的现象,即谓之干旱。由于产生干旱的原因不同,可分大气干旱和土壤干旱两种情况。在农田水分尚不妨碍植物根系的吸收,但由于大气的温度过高和相对湿度过低,阳光过强,或遇到干热风造成植物蒸腾耗水过大,都会使根系吸水速度不能满足蒸发需要,这种情况谓之大气干旱。我国西北、华北均有大气干旱。大气干旱过久会造成植物生长停滞,甚至使作物因过热而死亡。若土壤含水率过低,植物根系从土壤中所能吸取的水量很少,无法补偿叶面蒸发的消耗,则形成所谓土壤干旱的情况。短期的土壤干旱,会使产量显著降低,干旱时间过长,即会造成植物的死亡,其危害性要比大气干旱更为严重。为了防止土壤干旱,最低的要求就是使土壤水的渗透压力不小于根毛细胞液的渗透压力,凋萎系数便是这样的土壤含水率临界值。

土壤含水率变小,使土壤溶液浓度增大,从而引起土壤溶液渗透压力增加,因此,土壤根系吸水层的最低含水率,还必须能使土壤溶液浓度不超过作物在各个生育期所容许的最高值,以免发生凋萎。这对盐渍土地区来说,更为重要。土壤水允许的含盐溶液浓度的最高值视盐类及作物的种类而定。按此条件,根系吸水层内土壤含水率应不小于

$$\theta_{\min} = \frac{S}{C} \times 100\% \tag{2.1}$$

式中,$\theta_{\min}$ 为按盐类溶液浓度要求所规定的最小含水率(占干土重的百分数);

S 为根系吸水土层中易溶于水的盐类数量(占干土重的百分数);

C 为允许的盐类溶液浓度(占水重的百分数)。

养分浓度过高也会影响到根系对土壤水分的吸收,甚至发生枯死现象。因此在确定最小含水率时还需考虑养分浓度的最大限度。

根据以上所述,旱作物田间(根系吸水层)允许平均最大含水率不应超过田间持水率,最小含水率不应小于凋萎系数。为了保证旱作物丰产所必需的田间适宜含水率范围,应在研究水分状况与其他生活要素之间的最适关系的基础上,总结实践经验,并与先进的农业增产措施相结合来加以确定。

三、水稻地区的农田水分状况

由于水稻的栽培技术和灌溉方法与旱作物不同,因此农田水分存在的形式也不相同。我国水稻灌水技术,传统采用田面建立一定水层的淹灌方法,故田面经常(除烤田外)有水层存在,并不断地向根系吸水层中入渗,供给水稻根部以必要的水分。根据地下水埋藏深度,不透水层位置,地下水出流情况(有无排水沟、天然河道,人工河网)的不同,地面水、土壤水与地下水之间的关系也不同。

当地下水位埋藏较浅,又无出流条件时,由于地面水不断下渗,使原地下水位至地面间土层的土壤空隙达到饱和,此时地下水便上升至地面并与地面水连成一体。

当地下水埋藏较深,出流条件较好时,地面水虽然仍不断入渗,并补给地下水,但地下水位常保持在地面下一定的深度。此时,地下水位至地面间土层的土壤空隙不一定达到饱和。

水稻是喜水、喜湿性作物。保持适宜的淹灌水层,能为稻作水分及养分的供应提供良好的条件;同时,还能调节和改善其他如湿、热及气候等状况。但过深的水层(不合理的灌溉或降雨过多造成的)对水稻生长也是不利的,特别是长期的深水淹灌,更会引起水稻减产,甚至死亡。因此,淹灌水层上下限的确定,具有重要的实际意义。通常与作物品种发育阶段,自然环境及人为条件有关,应根据实践经验来确定。

四、农田水分状况的调节措施

在天然条件下,农田水分状况和作物需水要求通常是不相适应的。在某些年份或一年中某些时间,农田常会出现水分过多或水分不足的现象。

农田水分过多的原因,主要是以下几方面:

(1) 降雨量过大;

(2) 河流洪水泛滥,湖泊漫溢,海潮侵袭和坡地水进入农田;

(3) 地形低洼,地下水汇流和地下水位上升;

（4）出流不畅等。

而农田水分不足的原因有：

（1）降雨量不足；

（2）降雨形成的地表径流大量流失；

（3）土壤保水能力差，水分大量渗漏；

（4）蒸发量过大等。

农田水分过多或不足的现象，可能是长期的也可能是短暂的，而且可能是前后交替的。同时，造成水分过多或不足的上述原因，在不同情况下可能是单独存在，也可能同时产生影响。

农田水分不足，通常叫作"干旱"；农田水分过多，如果是由于降雨过多，使旱田地面积水，稻田淹水过深，造成农业歉收的现象，则谓之"涝"；由于地下水位过高或土壤上层滞水，因而土壤过湿，影响作物生长发育，导致农作物减产或失收现象，谓之"渍"；至于因河、湖泛滥而形成的灾害，则称为洪灾。

当农田水分不足时，一般应采取增加来水或减少去水的措施，增加农田水分的最主要措施就是灌溉。灌溉按时间不同，可分为播前灌溉、生育期灌溉和为了充分利用水资源提前在农田进行储水的储水灌溉。此外，还有为其他目的而进行的灌溉，例如培肥灌溉（借以施肥）、调温灌溉（借以调节气温、土温或水温）及冲洗灌溉（借以冲洗土壤中有害盐分）等。减少农田去水量的措施也是十分重要的。在水稻田中，一般可采取浅灌深蓄的办法，以便充分利用降雨。旱地上亦可尽量利用田间工程进行蓄水或实行深翻改土、免耕、塑料膜和秸秆覆盖等措施，减少棵间蒸发，增加土壤蓄水能力。无论水田或旱地，都应注意改进灌水技术和方法，以减少农田水分蒸发和渗漏损失。

当农田水分过多时，应针对其不同的原因，采取相应的调节措施。排水（排除多余的地面水和地下水）是解决农田水分过多的主要措施之一，但是在低洼易涝地区，必须与滞洪、滞涝等措施统筹安排，此外还应注意与农业技术措施相结合，共同解决农田水分过多的问题。

第二节　作物需水量

农田水分消耗的途径主要有植株蒸腾、株间蒸发和深层渗漏（或田间渗漏）。

植株蒸腾是指作物根系从土壤中吸入体内的水分，通过叶片的气孔扩散到大气中去的现象。试验证明,植株蒸腾要消耗大量水分,作物根系吸入体内的水分有99%以上是消耗于蒸腾,只有不足1%的水量留在植物体内,成为植物体的组成部分。

株间蒸发是指植株间土壤或田面的水分蒸发。株间蒸发和植株蒸腾都受气象因素的影响,但蒸腾因植株的繁茂而增加,株间蒸发因植株造成的地面覆盖率加大而减少,所以蒸腾与株间蒸发二者互为消长。一般作物生育初期植株小,地面裸露大,以株间蒸发为主;随着植株增大,叶面覆盖率增大,植株蒸腾逐渐大于株间蒸发,到作物生育后期,作物生理活动减弱,蒸腾耗水又逐渐减少,株间蒸发又相对增加。

深层渗漏是指旱田中由于降雨量或灌溉水量太多,使土壤水分超过了田间持水量,向根系活动层以下的土层产生渗漏的现象。深层渗漏一般是无益的,且会造成水分和养分的流失。田间渗漏是指水稻田的渗漏。由于水稻田经常保持一定的水位,所以水稻田经常产生渗漏,且数量较大。在丘陵地区的梯田,稻田的日平均渗漏量一般为2～6 mm、冲田0～1 mm、畈田0.5～2.0 mm。平原圩区稻田多为轻黏土,但地下水位高,日平均渗漏量一般为0.5～1.0 mm。对土质黏重,地下水位高且排水不畅的地区,长期淹灌的稻田,由于土壤中氧气不足,容易产生硫化氢、氧化亚铁等有毒物质,影响作物的生长发育,造成减产。因此近年来,认为稻田应有适当的渗漏量,可以促进土壤通气,改善还原条件,消除有毒物质,有利于作物生长。但是渗漏量过大,会造成水量和肥料的流失,与开展节水灌溉有一定矛盾。

在上述几项水量消耗中,植株蒸腾和株间蒸发合称为腾发,两者消耗的水量合称为腾发量(evapotranspiration),通常又把腾发量称为作物需水量(crop water requirement)。腾发量的大小及其变化规律,主要决定于气象条件、作物特性、土壤性质和农业技术措施等,而渗漏量的大小与土壤性质、水文地质条件等因素有关,它和腾发量的性质完全不同。因此,一般都是将腾发量与渗漏量分别进行计算。对水稻田来说,也有将稻田渗漏量计入需水量之内,通常则称之为"田间耗水量",与需水量概念有所区别。

作物需水量是农业用水的主要组成部分,也是整个国民经济中消耗水分的最主要部分。因此,它是水资源开发利用时的必需资料,同时也是灌排工程规划、设计、管理的基本依据。目前全世界的用水量不断增长,水资源不足日益突出,因此,对作物需水量的研究和估算,已成为一个重要研究课题。

根据大量灌溉试验资料分析,作物需水量的大小与气象条件(温度、日照、湿度、风速)、土壤含水状况、作物种类及其生长发育阶段、农业技术措施、灌溉排水措施等有关。这些因素对需水量的影响是互相联系的,也是错综复杂的,目前尚难从理论上对作物需水量进行精确的计算。在生产实践中,一方面是通过田间试验的方法直接测定作物需水量;另一方面常采用某些计算方法确定作物需水量。

现有计算作物需水量的方法,大致可归纳为两类,一类是直接计算出作物需水量,另一类是通过计算参照作物需水量来计算实际作物需水量。

一、直接计算需水量的方法

一般是先从影响作物需水量的诸因素中,选择几个主要因素(例如,水面蒸发、气温、湿度、日照、辐射等),再根据试验观测资料分析这些主要因素与作物需水量之间存在的数量关系,最后归纳成某种形式的经验公式。目前常见的这类经验公式大致有以下几种:

(1) 以水面蒸发为参数的需水系数法(简称"α值法"或称蒸发皿法)

大量灌溉试验资料表明,各种气象因素都与当地的水面蒸发量之间有较为密切的关系,而水面蒸发量又与作物需水量之间存在一定程度的相关关系。因此,可以用水面蒸发量这一参数来衡量作物需水量的大小。这种方法的计算公式一般为

$$ET = \alpha E_0 \tag{2.2}$$

$$ET = aE_0 + b \tag{2.3}$$

式中,ET 为某时段内的作物需水量,以水层深度(mm)计;

E_0 为与 ET 同时段的水面蒸发量,以水层深度(mm)计。E_0 一般采用 80 cm 口径蒸发皿的蒸发值;

a,b 为经验常数;

α 为需水系数,或称蒸发系数,为需水量与水面蒸发量之比值。

由于"α值法"只要水面蒸发量资料,易于获得且比较稳定,所以该法在我国水稻地区曾被广泛采用。多年来的实践证明,用 α 值法时除了必须注意使水面蒸发皿的规格、安设方式及观测场地规范化外,还必须注意非气象条件(如土壤、水文地质、农业技术措施、水利措施等)对 α 值的影响,否则将会给资料整理工作带来困难,并使计算成果产生较大误差。

(2) 以产量为参数的需水系数法(简称"K值法")

作物产量是太阳能的累积与水、土、肥、热、气诸因素的协调及农业措施的综合结果。因此,在一定的气象条件下和一定范围内,作物田间需水量将随产量的提高而增加,作物总需水量的表达式为

$$\begin{cases} ET = KY \\ ET = KY^n + c \end{cases} \tag{2.4}$$

式中,ET 为作物全育期内总需水量,单位为 m³·亩⁻¹^①;

Y 为作物单位面积产量,单位为 kg·亩⁻¹;

K 为以产量为指标的需水系数。对于 $ET = KY$ 公式,则 K 代表单位产量的需水量,单位为 m³·kg⁻¹;

n、c 为分别为经验指数和常数。

公式(2.4)中的 K、n 及 c 值可通过试验确定。此法简便,只要确定计划产量后便可算出需水量;同时,此法使需水量与产量相联系,便于进行灌溉经济分析。对于旱作物,在土壤水分不足而影响高产的情况下,需水量随产量的提高而增大,用此法推算较可靠。但对于土壤水分充足的旱田以及水稻田,需水量主要受气象条件控制,产量与需水量关系不明确,用此法推算的误差较大。

上述诸公式都可估算全生育期作物需水量,也可估算各生育阶段的作物需水量。在生产实践中,过去常习惯采用所谓模系数法估算作物各生育阶段的需水量,即先确定全生育期作物需水量,然后按照各生育阶段需水规律,以一定比例进行分配,即

$$ET_i = \frac{1}{100} K_i ET \qquad (2.5)$$

式中,ET_i 为某一生育阶段作物需水量;

K_i 为需水量模比系数,即生育阶段作物需水量占全生育期作物需水量的百分数,可以从试验资料中取得。

然而,这种按模比系数法估算作物各生育阶段需水量的方法存在较大的缺点。例如,水稻整个生育期的需水系数 α 值和总需水量的时程分配即模比系数 K_i 均非常量,而是各年不同的。所以按一个平均的 α 值和 K 值计算水稻各生育阶段的需水量,计算结果不仅失真,而且导致需水时程分配均匀化而偏于不安全。因此,近年来,在计算水稻各生育阶段的需水量时,一般根据试验求得的水稻阶段需水系数 α_i 直接加以推求。上述直接计算需水量的方法,虽然缺乏充分的理论依据,但我国在估算水稻需水量时尚有采用,因为方法比较简便,水面蒸发量资料容易获得。

二、通过计算参照作物需水量来计算实际作物需水量的方法

近代需水量的理论研究表明,作物腾发耗水是通过土壤—植物—大气系统的连续传输过程,大气、土壤、作物三个组成部分中的任何一部分的有关因素都影响

---

① 1亩≈666.7 m²。

需水量的大小。根据理论分析和试验结果,在土壤水分充分的条件下,大气因素是影响需水量的主要因素,其余因素的影响不显著。在土壤水分不足的条件下,大气因素和其余因素对需水量都有重要影响。目前对需水量的研究主要是研究在土壤水分充足条件下的各项大气因素与需水量之间的关系。普遍采用的方法是通过计算参照作物的需水量来计算实际需水量。相对来说理论上比较完善。

所谓参照作物需水量是指土壤水分充足、地面完全覆盖、生长正常、高矮整齐的开阔(地块的长度和宽度都大于200 m)矮草地(草高8~15 cm)上的蒸发量,一般是指在这种条件下苜蓿草的需水量而言的。因为这种参照作物需水量主要受气象条件的影响,所以都是根据当地的气象条件分阶段(月和旬)计算。有了参照作物需水量,然后再根据作物系数 K_c 对 ET_0 进行修正,即可求出作物的实际需水量 ET,作物实际需水量则可根据作物生育阶段分段计算。

(一) 参照作物需水量的计算

在国外,对于这一方法的研究较多,有多种理论和计算公式。其中以能量平衡原理比较成熟、完整。其基本思想是:将作物腾发看作能量消耗的过程,通过平衡计算求出腾发所消耗的能量,然后再将能量折算为水量,即作物需水量。

作物腾发过程中,无论是体内液态水的输送,或是田间腾发面上水分的汽化和扩散,均需克服一定阻力。这种阻力越大,需要消耗的能量也越大。由此可见,作物需水量的大小,与腾发消耗能量有较密切的关系。腾发过程中的能量消耗,主要是以热能形式进行的,例如气温为25 ℃时,每腾发1 g重的水大约需消耗2468.6 J的热量。如果能在农田中测算出腾发消耗的总热量,便能由此推算出相应的作物需水量数值。

作物腾发所需的热能,主要由太阳辐射供给。所以能量平衡原理,实质上是计算"土壤—作物—大气"连续系统中的热量平衡。根据这一理论以及水汽扩散等理论,在国外曾研究有许多计算参照作物需水量的公式。其中最有名的、应用最广的是英国的彭曼(Penman)公式。公式是1948年提出来的,后来经过多次的修正。1979年,联合国粮农组织对彭曼公式又做了进一步修正,并正式认可向各国推荐作为计算参照作物需水量的通用公式。其基本形式如下:

$$ET_0 = \frac{\dfrac{p_0}{p}\dfrac{\Delta}{\gamma}R_n + E_a}{\dfrac{p_0}{p}\dfrac{\Delta}{\gamma} + 1} \tag{2.6}$$

式中,ET_0 为参照作物需水量,单位为 $mm \cdot d^{-1}$;

$\dfrac{\Delta}{\gamma}$ 为标准大气压下的温度函数,其中 Δ 为平均气温时饱和水汽压随温度的变率,即其 $\dfrac{\mathrm{d}e_a}{\mathrm{d}t}$;其中,$e_a$ 为饱和水汽压,t 为平均气温;γ 为湿度计常数,$\gamma=0.66$ hPa·℃$^{-1}$;

$\dfrac{p_0}{p}$ 为海拔高度影响温度函数的改正系数。其中 p_0 为海平面的平均气压,$p_0=1013.25$ hPa;p 为计算地点的平均气压,单位为 hPa;

R_n 为太阳净辐射,以蒸发的水层深度计,单位为 mm·d^{-1}。可用经验公式计算,从有关表格中查得或用辐射平衡表直接测取;

E_a 为干燥力,单位为 mm·d^{-1},$E_a=0.26(1+0.54u)(E_a-E_d)$,其中 E_d 为当地的实际水汽压,u 为离地面 2 m 高处的风速,单位为 m·s^{-1}。

近些年来,我国在计算作物需水量和绘制作物需水量等值线图时多采用上述公式。在农田水利工程设计规范中也推荐采用这一公式。由于该公式计算复杂,一般都用计算机完成。有关 Penman 公式的计算机程序可参考有关书籍。

(二) 实际需水量的计算

已知参照作物需水量 ET_0 后,则采用"作物系数"K_c 对 ET_0 进行修正,即得作物实际需水量 ET,即

$$ET = K_c(ET_0) \tag{2.7}$$

式中的 ET 与 ET_0 应取相同单位。

根据各地的试验,作物需水系数 K_c 不仅随作物而变化,更主要的是随作物的生育阶段而异。生育初期和末期的 K_c 较小,而中期的 K_c 较大。

第三节　灌溉用水量

灌溉用水量是指灌溉土地需从水源取用的水量,它是根据灌溉面积、作物情况、土壤、水文地质和气象条件等因素而定的。灌溉用水量的大小直接影响着灌溉工程的规模。

一、设计典型年的选择

农作物需要消耗的水量主要来自灌溉、降雨和地下水补给。对一个灌区来说，地下水补给量是比较稳定的，而降雨量在年际之间变化很大。因此，各年的灌溉用水量就有很大的差异。在规划设计灌溉工程时，首先要确定一个特定的水文年份，作为规划设计的依据。通常把这个特定的水文年份称为"设计典型年"。根据设计典型年的气象资料计算出来的灌溉制度被称为"设计典型年的灌溉制度"，简称为设计"灌溉制度"，相应的灌溉用水量称为"设计灌溉用水量"。根据历年降雨量资料，可以用频率方法进行统计分析，确定几种不同干旱程度的典型年份，如中等年（降雨量频率为50%）、中等干旱年（降雨量频率为75%）以及干旱年（降雨量频率为85%~90%）等，以这些典型年的降雨量资料作为计算设计灌溉制度和灌溉用水量的依据。

二、典型年灌溉用水量及用水过程线

对于任何一种作物的某一次灌水，须供水到田间的灌水量（称净灌溉用水量）$W_{净}$可用下式求得：

$$W_{净} = mA(\mathrm{m}^3) \tag{2.8}$$

式中，m为该作物某次灌水的灌水定额，单位为$\mathrm{m}^3 \cdot 亩^{-1}$；

A为该作物的灌溉面积，单位为亩。

对于任何一种作物，在典型年内的灌溉面积、灌溉制度确定后，并可用式(2.8)推算出各次灌水的净灌溉用水量。由于灌溉制度本身已确定了各次灌水的时期，故在计算各种作物每次灌水的净灌溉用水量的同时，也就确定了某年内各种作物的灌溉用水量过程线。

全灌区任何一个时段内的净灌溉用水量是该时段内各种作物净灌溉用水量之和，按此可求得典型年全灌区净灌溉用水量过程。

灌溉水由水源经各级渠道输送到田间，有部分水量损失掉了（主要是渠道渗漏损失）。故要求水源供给的灌溉水量（称毛灌溉用水量）为净灌溉用水量与损失水量之和，这样才能满足田间得到净灌溉水量之要求。通常用净灌溉用水量$W_{净}$与毛灌溉用水量$W_{毛}$之比值$\eta_{水}$作为衡量灌溉水量损失情况的指标，称$\eta_{水} = \dfrac{W_{净}}{W_{毛}}$为灌溉水利用系数。已知净灌溉用水量 $W_净$ 后,可用 $\eta_水 = \dfrac{W_净}{W_毛}$ 求得毛灌溉用水量。

$\eta_水$ 的大小与各级渠道的长度、流量、沿渠土壤、水文地质条件、渠道工程状况和灌溉管理水平等有关。在管理运用过程中,可实测决定。我国南方各省,在规划设计中,对于大、中、小型灌区,一般 $\eta_水$ 分别取为 $0.60\sim0.70$、$0.70\sim0.80$。若考虑防渗措施,则 $\eta_水$ 可采用较大数值。若无防渗措施,可取较小数值。

某年灌溉用水量过程线还可用综合灌水定额 $m_综$ 求得,任何时段内全灌区的综合灌水定额,是该时段内各种作物灌水定额的面积加权平均值,即

$$m_{综,净} = a_1 m_1 + a_2 m_2 + a_3 m_3 + \cdots \tag{2.9}$$

式中,$m_{综,净}$ 为某时段内综合净灌水定额,单位为 $\mathrm{m^3 \cdot 亩^{-1}}$;

m_1、m_2、m_3 为第1种、第2种、第3种……作物在该时段内灌水定额,单位为 $\mathrm{m^3 \cdot 亩^{-1}}$;

a_1、a_2、a_3 为各种作物灌溉面积占全灌区的灌溉面积的比值。

全灌区某时段内的净灌溉用水量 $W_净$,可用下式求得:

$$W_净 = m_{综,净} A (\mathrm{m^3})$$

式中,A 为全灌区的灌溉面积,单位为亩。

计入水量损失,则综合毛灌水定额为

$$m_{综,毛} = \frac{m_{综,毛}}{\eta_水} (\mathrm{m^3 \cdot 亩^{-1}}) \tag{2.10}$$

全灌区任何时段毛灌溉用水量

$$W_毛 = m_{综,毛} A (\mathrm{m^3}) \tag{2.11}$$

通过综合灌水定额推算灌溉用水量,与公式(2.8)直接推算方法相比,其繁简程度类似,但求得综合灌水定额有以下作用:

(1) 它是衡量全灌区灌溉用水是否合适的一项重要指标,与自然条件及作物种植面积比例类似的灌区进行对比,便于发现 $m_综$ 是否偏大或偏小,从而进行调整、修改;

(2) 若一个较大灌区的局部范围(如一些支渠控制范围)内,其各种作物种植面积比例与全灌区的情况类似,则求得 $m_综$ 后,不仅便于推算全灌区灌溉用水量,同时可利用它推算局部范围内的灌溉用水量;

(3) 有时,灌区的作物种植面积比例已根据当地的农业发展计划决定好了,但灌区总的灌溉面积还需根据水源等条件决定,此时,利用综合毛灌溉定额推求全灌区应发展的灌溉面积:

$$A = \frac{W_源}{M_{综,毛}} \, (\text{亩}) \tag{2.12}$$

式中，$W_净$ 为水源每年能供给的灌溉水量，单位为 m^3；

$M_{综,毛}$ 为综合毛灌溉定额，单位为 $\text{m}^3 \cdot \text{亩}^{-1}$。

对于小型灌区或没有以上这些要求的情况，一般可用直接推算法计算。

必须指出，对于一些大型灌区，灌区内不同地区的气候、土壤、作物品种等条件有明显差异，因而同种作物的灌溉制度也有明显的不同，此时，须先分区求出各区的灌溉用水量，而后再汇总成为全灌区的灌溉用水量。

三、多年灌溉用水量的确定和灌溉用水频率曲线

以上是某一具体年份灌溉用水量及年灌溉用水过程的计算方法。在用长系列法进行大、中型水库的规划设计或做多年调节水库的规划及控制运用计划时，常须求得多年的灌溉用水量系列。多年灌溉用水量可按照以上方法逐年推求。

有了多年的灌溉用水量系列，与年径流频率曲线一样，也可以应用数理统计原理求得年灌溉用水量的理论频率曲线。根据对我国23个大型水库灌区的分析，初步证实灌溉用水量频率曲线也可采用皮Ⅲ型曲线，经验点据与理论频率曲线配合尚好，其统计参数亦有一定的规律性，一般 C_V 为 $0.15 \sim 0.45$，C_S 为 C_V 的 $1 \sim 3$ 倍（C_V, C_S 分别是皮尔逊三型曲线中的变差系数、偏差系数）。在一定条件下，灌溉用水量频率曲线的统计参数应能进行地区综合，作出等值线图或分区图，这样应用起来就方便了。但是，由于影响灌溉用水量的因素十分复杂，而且随着国民经济的发展、灌溉技术及农业技术措施的改革，使得灌溉用水量的变化规律更不确定，这些问题都有待进一步深入研究。

灌溉用水量频率曲线可用于推求代表年灌溉用水量；在采用数理统计法进行多年调节计算时，可用它与来水频率曲线进行组合去推导计算出多年调节兴利库容或用于其他水文水利计算问题。

第三章 喷灌技术

第一节 喷灌及其特点

喷灌是利用水泵和管道系统,在一定的压力下把水喷到空中,碎成细小的水滴,均匀降落在田间,为作物正常生长提供必要水分条件的一种先进灌溉方式,又被称为喷洒灌溉,有显著的节水增产效益(图3.1)。

通过科学的设计与管理,喷灌基本上不会产生深层渗漏和地面径流。喷灌采用管道输水、配水,输水损失很小。因此,喷灌的灌溉水有效利用系数可以达到0.8以上,比传统的地面灌溉省水30%~50%。喷灌系统多采用地埋形式,大大减少了沟渠和田埂占地,一般可以将耕地利用率提高7%~15%。

喷灌能适时、适量地满足农作物对水分的要求,便于控制土壤水分、保持土壤肥力,使土壤中的水、气、热营养状况良好,并能调节田间小气候,增加近地表层空气湿度,避免了热风、霜冻对作物的危害,而且还可以显著提高水果、茶叶、烟草等经济作物的品质。

喷灌可以保护土壤结构和保持土壤肥力,这对于精细控制土壤水分、保持土壤肥力,适应换茬时两种作物对水分的不同要求极为有利。喷灌像降雨一样湿润土壤,不破坏土壤团粒结构,为作物根系生长创造了良好的土壤状况。

我国农业经营正向规模化、集约化、自动化方向发展,同时面临着提高农业劳动生产率的问题。喷灌的机械化程度高,可以大大降低灌水的劳动强度和提高劳动生产率,免去每年修筑田埂和输水渠道的劳动,节省大量的劳动力。但是,喷灌质量受到风和湿度影响较大且设备投资高,喷灌耗能较大,从节省资源的角度考虑,喷灌可以向低压化方向发展。尽管如此,喷灌依然是我国今后全面实现农业机械化非常有效的灌溉措施。

图3.1 喷灌作业图

第二节 喷灌系统组成及分类

喷灌系统是指从水源取水到田间喷洒灌水整个过程设施的总称。通常由水源工程、输配水管道系统、喷头、附属设备以及田间工程组成。

（一）水源工程

为了满足加压的要求,喷灌系统需要修建相应的水源配套工程,如泵站及附属设备、蓄水池、沉淀池和水量调节池等建筑物,这些统称为水源工程。

（二）输配水管道系统

管道系统的作用是将压力水输送并分配到田间。喷灌使用有压水,故管道系统必须能承受一定的压力并且通过一定的流量。管道系统通常分为干管、支管两级。干管起输配水作用,支管是工作管道。支管上按一定间隔安装竖管,竖管上安装喷头,压力水通过干管、支管、竖管,经喷头喷洒到田间。

（三）喷头

喷头是喷灌系统的专用配件,形式多种多样,作用是将压力水通过喷嘴喷射到空中,形成众多的小水滴,均匀地洒落到地面的一定范围内补充土壤水分。

（四）附属设备（工程）

喷灌工程中还用到一些附属设备和附属工程。如果从河流、湖泊、渠道取水,则应设置拦污设施;为了保护喷灌系统安全运行,必要时应设置进排气阀、调压阀、减压阀、安全阀等;为了喷灌系统安全越冬,应在灌溉季节结束后排空管道中的水,故需设置泄水阀;为了观察喷灌系统的运行,在水泵进出管路上应设真空表、压力表以及水表。在管道系统上还应设置必要的闸阀,以便配水和检修。利用喷灌系统喷洒农药和肥料时,还应有必要的调配和注入装置。

喷灌系统的类型很多,其分类方法也有多种。按系统获得压力的方式可以分为机压喷灌系统和自压喷灌系统;按系统设备组成可以分为管道式喷灌系统和机组式喷灌系统;按喷洒特征可以分为定喷式喷灌系统和行喷式喷灌系统;按喷灌系统中主要组成部分移动的程度可以分为固定式、半固定式和移动式三种。

第三节 喷灌的主要设备

一、喷头

喷头又称为喷洒器,是喷灌系统的主要组成部分。喷头作用是把有压力的水流喷射到空中,散成细小的水滴并均匀地散落在它所控制的灌溉面积上。因此,喷头结构形式及其制造质量的好坏直接影响到喷灌质量,合理的喷头结构不仅对灌溉水量的均匀分布有重要作用,而且能够降低喷头工作压力。喷头可以安装在固定的或移动的管路上、行喷机组桁架的输水管上、绞盘式喷灌机的牵引架上,并与配套的动力机、水泵、管道等组成一个完整的喷灌系统。

喷头的种类很多,通常按工作压力和射程或结构形式和喷洒特征对喷头进行分类。

(一)按工作压力和射程分类

按工作压力和射程大小可分为低压喷头(或称低射程喷头)、中压喷头(或称中射程喷头)和高压喷头(或称远射程喷头)等,见表3.1。目前,我国使用最普遍的喷头是中射程喷头,其耗能较小且容易得到较好的喷灌质量。

(二)按结构形式和喷洒特征分类

按结构形式和喷洒特征又可把喷头分为旋转式喷头、固定式喷头和喷洒孔管式三种。

表3.1　喷头按工作压力和射程分类

类型	工作压力（MPa）	射程（m）	流量（m³·h⁻¹）	特点及适用范围
低压喷头	<0.2	<15.5	<2.5	射程近,水滴打击强度低,主要用于苗圃、菜地、温室、草坪园林、自压灌溉的低压区或行喷式喷灌机
中压喷头	0.2～0.5	15.5～42	2.5～32	喷灌强度适中,适用范围广,果园、草地、菜地、大田及各类经济作物均可使用
高压喷头	>0.5	>42	>32	喷洒范围大,但水滴打击强度也大。多用于喷洒质量要求不高的大田作物和牧草等

1.旋转式喷头

旋转式喷头又称射流式喷头,是目前普遍使用的一种喷头。其特点是边喷洒边旋转,水从喷嘴喷出时形成一股集中的水舌,故射程较远,流量范围大,喷灌强度较低,是目前我国农田灌溉中应用最普遍的一种喷头形式。旋转式喷头的缺点是当竖管不垂直时,喷头转速不均匀,因而会影响喷灌的均匀性。按移动机构的特点,旋转式喷头又可分为摇臂式、叶轮式和反作用式三种。

2. 固定式喷头

固定式喷头又叫漫射式或散水式喷头,特点是在整个喷灌过程中,喷头的所有部件相对于竖管固定不动,水流以全圆周或扇形同时向外喷洒。优点是结构简单,工作可靠,水滴较细,喷洒水滴对作物打击强度小,要求的工作压力较低,喷灌强度大;缺点是喷孔易被堵塞,水流分散,射程小,喷灌强度大,水量分布不均。按其结构形式又可分为折射式、缝隙式和离心式三种。

3. 喷洒孔管式喷头

孔管式喷头由一根或几根较小直径的管子组成,在管子的顶部分布有一些小喷水孔,喷水孔直径一般为1～2 mm。根据喷水孔分布形式又分为单列式和多列式两种。孔管式喷头的优点是结构简单,缺点是喷灌强度较高,水舌细小,受风的影响大;孔口小,抗堵塞能力差;工作压力低,支管内实际压力受地形起伏的影响大。一般用于菜地、苗园和矮秆作物的喷灌。

二、管道

管道是喷灌系统的主要组成部分。按其使用条件可分为固定管道和移动管道两类。对喷灌用管道的要求是能承受设计要求的工作压力和通过设计流量,且不造成过大的水头损失,经济耐用,耐腐蚀,便于运输和施工安装。对于移动式管道还要求轻便、耐撞击、耐磨和能经受风吹日晒。由于管道在喷灌工程中需要的数量多,占投资比重大,技术要求严格,因此,必须因地制宜、经济合理地选用管材及附件。

(一)固定式管道

常用的固定管道有钢管、铸铁管、钢筋混凝土管、石棉水泥管、塑料管等,管径一般为50~300 mm。

1. 钢管

优点是能承受较大的压力(可承压1.5~6.0 MPa),与铸铁管相比,韧性强,能承受动荷载,管壁较薄,节省材料,管段长而接头少,铺设安装方便。缺点是价格高,使用寿命短,易腐蚀,因此,埋设在地下时钢管表面应涂有良好的防腐层。常用的钢管有无缝钢管、水煤气钢管和焊接钢管等。一般用焊接、螺纹接头或法兰接头。

2. 铸铁管

优点是承受内水压力大,工作可靠,使用寿命长。缺点是性脆,管壁薄,重量大,不能经受较大的动荷载。铸铁管的接口有法兰接口和承插接口两种,一般明设管道采用法兰接口,埋设地下时用承插接口。按加工方法和接头形式,铸铁管可分为铸铁承插直管、砂型离心铸铁管和铸铁法兰直管。按其承受压力大小,可分为低压管、普压管和高压管。喷灌中一般采用普压管或高压管。

3. 钢筋混凝土管

有自应力钢筋混凝土管和预应力钢筋混凝土管两种,可以承受400~700 kPa工作压力。优点是节省钢材和生铁,且不会因锈蚀使输水的性能降低,使用寿命长。缺点是质脆、自重大、运输不便、价格较高、制作工艺复杂等。钢筋混凝土管一般为承插口,刚性接头用石棉水泥或膨胀性填充剂止水,柔性接头则用圆形橡胶圈止水。

4. 石棉水泥管

石棉水泥管是用75%~85%的水泥与15%~25%的石棉纤维混合后经制管机卷制而成,承压力在600 kPa以下,规格直径为75~500 mm,管长为2~5 m。具有耐腐蚀、重量轻、便于搬运和铺设、内壁光滑、输水能力较稳定、可加工性能好、易于施工等优点。缺点是性脆、抗冲击能力差、运输中易损坏、质量不均匀等。

5. 塑料管

喷灌常用的塑料管有硬聚氯乙烯管(PVC-U)、聚乙烯管(PE)和聚丙烯管(PP)等。硬聚氯乙烯(PVC-U)承插管的使用最为普遍。塑料管的承压力与壁厚和管径有关,一般为 0.2～1.6 MPa。塑料管具有耐腐蚀、使用寿命长、质量轻、内壁光滑、水力性能好、施工容易、能适应一定的不均匀沉陷等优点。缺点是低温性脆、易老化,但埋在地下可减慢老化速度。

(二)移动式管道

喷灌用移动式管道由于经常需要移动,除了满足一般要求外,还必须轻便、容易拆装、耐磨、耐撞击等。常用的移动管道有塑料管、铝合金管和镀锌薄壁钢管等。

1. 塑料管

用作移动管道的塑料管有硬管、软管和半软管。硬管和半软管的规格特点与固定管道基本相同,由于经常暴露在外面,要求抗老化性能强,故常在其中掺炭黑做成黑色管子,每节管长 4～6 m,用快速接头连接。常用的塑料软管有锦纶塑料管和维塑软管两种。这两种管子重量轻、便于移动、价格低,但易老化、不耐磨、怕扎、怕折,一般只能使用 2～3 年。

2. 铝合金管

铝合金管具有强度高,重量轻,耐腐蚀,搬运方便等特点。铝合金的密度为 2.8 g/cm³,约为钢的 1/3,单位长度重量仅为同直径水煤气管的 1/7,比镀锌钢管还轻,在正常情况下使用寿命可达 15～20 年。缺点是价格较高,管壁薄,容易碰瘪。

3. 镀锌薄壁钢管

镀锌薄壁钢管是用厚度 0.7～1.5 mm 的带钢卷焊而成的。在管端配上快速接头,经过镀锌处理,防止生锈。优点是强度高、韧性好,能经受野外恶劣条件下由水和空气引起的腐蚀,使用寿命长。但由于镀锌质量不易过关,影响使用寿命,而且价格较高,重量也较铝管、塑料管大,移动不如铝管、塑料管方便。

三、附件

管道附件是指管道系统中的控制件和连接件,它们是管道系统不可缺少的配件。常用的附件可以分为控制件和连接件。

（一）控制件

控制件的作用是根据喷灌系统的要求来控制管道系统中水流的流量和压力，在管道内水压发生波动时，确保管道系统运行安全。一般常用的控制件有阀门、安全阀、减压阀、进排气阀、水锤消除器、专用阀等。

1. 阀门

阀门用以控制管道的启闭与调节流量，按工作压力大小可以分为低压阀门、中压阀门、高压阀门等，喷灌一般使用低压阀门。按结构分类，喷灌管道中常用的阀门有闸阀、蝶阀、截止阀等，驱动方式一般为手动，连接形式为螺纹或法兰。给水栓是喷灌系统上的专用阀门，常用于连接固定管道和移动管道，它的结构分为上下两部分，下阀门连接在固定管道上，上阀门通过快速接头与移动管道相连接以控制水流的通断。

阀门的优点是阻力小、开关力小、水可从两个方向流动；缺点是结构复杂，密封面容易被擦伤而影响止水功能。

2. 球阀

球阀的优点是结构简单，体积小，质量轻，对水流阻力小。缺点是启闭速度不易控制，从而使管内产生较大的水锤压力。球阀在喷灌系统中多安装于竖管上，用来控制喷头的开启或关闭。

3. 安全阀

安全阀是一种当管内压力上升时自行开启，防止发生水锤事故的安全装置。一般安装在管路始端，对全管道起保护作用。常用的有弹簧式、杠杆式和开放式三种。

4. 减压阀

减压阀的作用是在设备或管道内的水压超过规定的工作压力时，自动打开降低压力。如遇地势很陡、管轴线急剧下降、管内水压力上升超过了喷头的工作压力或管道的允许压力情况时，需用减压阀适当降低压力。适用于喷灌系统的减压阀有薄膜式、弹簧薄膜式、活塞式和波纹管式等。

5. 空气阀

空气阀是喷灌系统的主要附件之一。空气阀的作用是当管道内存有空气时，自动打开通气口；管内充水时进行排气后，封口块在水压的作用下自动封口；当管内产生真空时，在大气压力作用下打开出水口，使空气进入管内，防止产生负压。

国产定型生产的空气阀分单、双室两种,一般中、小规模的喷灌系统多采用单室空气阀。

5. 逆止阀

逆止阀是根据阀前后的压力差而自动启闭的阀门,它使水流只能朝一个方向流动,当水流反向流动时会自动关闭,此阀门一般用于保护水泵。

(二)连接件

连接件的作用是根据需要将管道连接成管网,也称为管件。如弯头、三通、四通、异径管、堵头等。不同的管材使用不同的管件,如铸铁管有承插和法兰两种连接方式。现今一般使用塑料管,塑料管的管件通常由生产厂家研制配套供应。为了提高喷灌效率、减轻劳动强度,在移动管道中需要采用快速接头。目前使用较多的快速接头有消防水带接头、插座式快速接头、搭扣式快速接头等。

第四节　管道式喷灌系统

由于管道是系统中的主要设备,故称为管道式喷灌系统。根据管道的可移动程度,又可以分为固定管道式喷灌系统、半固定管道式喷灌系统和移动管道式喷灌系统三种。根据我国实际应用,以下分别对这三种喷灌系统做简要介绍。

一、固定管道式喷灌系统

喷灌系统的各组成部分除喷头外,整个灌溉季节或常年都是固定的,水泵和动力构成固定的泵站,干管和支管多埋于地下,喷头装在固定的竖管上,可在各轮灌组中轮流使用。这种喷灌系统生产效率高,运行管理方便、运行费用低、工程占地少、有利于自动化控制;缺点是工程投资大、设备利用率低、耗材多,同时,固定在田间的竖管对机耕有一定的影响。因此,固定管道式喷灌系统适用于灌水频繁、经济价值高的蔬菜和经济作物区,以及城市园林、花卉、绿地的灌溉。

二、半固定管道式喷灌系统

喷灌系统的主要设备(动力、水泵和干管)是固定的,支管和喷头是可以移动的,故称为半固定管道式喷灌系统。这种形式在干管上装有很多给水栓,喷灌时把支管接在干管给水栓上进行喷灌,喷洒完毕再移接到下一个给水栓继续喷灌。与固定式喷灌系统相比,由于支管可以移动,减少了支管数量,提高了设备利用率,降低了投资。适用于矮秆大田粮食作物,其他作物适用面也比较宽,但不适宜对高秆作物、果园使用。为便于移动支管,管材应为轻型管材,如薄壁铝管、薄壁镀锌钢管、塑料管等,并且配有各类快速接头和轻便连接件、给水栓。

三、移动管道式喷灌系统

喷灌系统的各个部分,包括水泵、动力机以及干、支管道均可拆卸移动,可以轮流适用于不同地块。这种喷灌系统设备利用率高,设备用量与投资较低,适用于各种作物,但劳动强度较大、生产效率低、易损伤作物,设备的维修保养工作量大,路渠占地较多。

第四章　微灌技术

第一节　微灌及其特点

微灌即微量灌溉,属于节水灌溉农业中的常用技术。它不是单独的一种灌水方法,而是一类灌水方法的总称,包括滴灌、微喷灌、小管涌泉灌和渗灌四类。微灌是通过一套低压管道系统将灌溉水和作物需要的养分直接送到作物根部附近,并准确地按照作物的需求将水分和养分缓慢地加到作物根区范围内的土壤中去,使作物根区土壤经常保持适宜于作物生长的水分、通气和营养状况(图4.1)。

图4.1　微灌作业图

一、优点

微灌作为先进的灌溉技术,优点主要表现在以下几个方面:

(1) 省水、省工,微灌按作物需水要求适时、适量地灌水,仅湿润根区附近土壤,供水不蒸发,不深渗,不流失,不飘散,无输水损失,所以节水效果好,一般比地面沟畦灌节水40%~60%,比喷灌节水10%~20%。微灌是管网供水,操作方便,效率高,而且便于自动控制,因而明显节省劳力。

(2)增产,微灌能连续不断地补充作物所消耗的水分,并保持作物根区水、肥的最优状况,为作物根系活动层土壤创造了水、热、气、养分条件,因而可实现高产稳产,提高产品质量。

(3)灌水均匀,微灌系统能够有效地控制每个灌水器的出水流量,因此灌水均匀度很高,一般可达80%~90%。

(4)适应性强,微灌受外界气候、风力等因素干扰较少,灌水强度可根据土壤的入渗特性选用相应的灌水器,并对其调节,不产生地表径流和深层渗漏。微灌可以在任何复杂地形条件下有效工作,甚至在某些较陡的土地或乱石滩上也可以采用微灌。

(5)可用咸水,在微灌条件下,作物根系活动层土壤含水量经常保持在最有利于作物生长的状况,能够使土壤中的盐分得到稀释,这就可以用一定含盐量的咸水进行微灌。

二、缺点

(1)微灌使用的管线很长,一次性投资较高。

(2)灌水器出水口小,管网容易被水中的矿物质或有机物质堵塞,减少系统水量分布均匀度,严重时会使整个系统无法工作。

第二节　微灌系统的组成及分类

微灌系统一般由水源、首部枢纽、输配水管网和灌水器等部分组成。

1. 水源
江河、渠道、湖泊、水库、井、泉等均可作为微灌水源,但其水质须符合微灌要求。

2. 首部枢纽
首部枢纽包括水泵、动力机、肥料和化学药品注入设备、过滤设备、控制阀、进排气阀、压力及流量测量仪表等。其作用是从水源取水增压并将其处理成符合微灌要求的水流送到系统中去。

3. 输配水管网

输配水管网的作用是将首部枢纽处理过的水按照要求输送分配到每个灌水单元和灌水器,输配水管网包括干、支管和毛管三级管道。毛管是微灌系统的最末一级管道,其上安装或连接灌水器。

4. 灌水器

灌水器是微灌设备中最关键的部件,是直接向作物施水的设备,其作用是消减压力,将水流变为水滴或细流或喷洒状施入土壤,包括微喷头、滴头、滴灌带等。灌水器大多数是用塑料注塑成型的。

微灌按组成微灌系统的灌水器不同,可分为滴灌、微喷灌、小管涌泉灌和渗灌四类。

(1) 滴灌,是用出水口很小的滴头、滴灌带,将水一滴滴均匀而缓慢地滴在作物根部附近的土壤中。滴头出口的压力必须和大气压相等,而滴头工作压力一般为 $50\sim150$ kPa。因此,这些压力能量除克服管道阻力和地形起伏所消耗的能量外,余下的都要求两头能消耗掉。滴头的流量很小,一般只有 $7\sim15$ L·h^{-1},所以一个滴头湿润的面积非常有限,常常是数个滴头串接在一起使用。

滴灌的发明者是以色列一位普通的农艺师,源于对灌溉作物细心的观察,从而引发了世界节水革命。我国滴灌节水技术的应用与推广是从20个世纪70年代开始的。

(2) 微喷灌,是目前使用较多的一种。它利用安装在毛管上的微喷头将压力水以喷洒状湿润土壤。微喷灌吸收了喷灌与滴灌的优点,它所需压力比滴灌略高,流速较快,减少了堵塞的可能性,出水量和湿润面积也大大增加。一般微喷灌工作压力是 $70\sim350$ kPa,单个微喷头的出水量一般不超过 250 L·h^{-1}。

(3) 小管涌泉灌,是通过安装在毛管上更细的小管(常用直径为4 mm),形成小股水流从出口涌出地面,流入作物根部的储水坑中。工作压力低,流量<220 L·h^{-1},超过土壤的吸水能力,基本上不会堵塞。

(4) 渗灌,是将灌溉水引入地下,湿润根区土壤的灌溉。实际上是将滴灌毛管和滴头埋在地表下 $20\sim30$ cm 土壤,这样可以不妨碍田间作业、减少蒸发、不易损坏,可延长设备寿命。

根据微灌系统管道在灌水季节中是否移动,微灌系统又可以分为固定式、半固定式和移动式。

第三节　微灌的主要设备

一、灌水器

灌水器是微灌系统的关键部件,其作用是将末级管道的压力水均匀稳定地灌溉到作物根区附近的土壤中。不同的灌溉方法采用不同的灌水器,滴灌的灌水器是滴头,微喷灌的灌水器是微喷头,渗灌的灌水器是渗头。

(一) 滴头

通过流道或孔口将毛管中的压力水流变成滴状或细流状的装置称为滴头,其流量一般不大于 $12 L \cdot h^{-1}$。按滴头的结构可分为如下几种:

(1) 长流道式滴头,这种滴头靠水流与流道壁之间的摩擦阻力来调节出水量大小,如微管滴头、内螺纹管式滴头等。

(2) 孔口式滴头,这种滴头有一个盖子,水流从孔口射出,冲在盖子上,以达到消能的目的,孔口一般为 0.5~1 mm,工作压力为 20~50 kPa。这种滴头结构简单,价格低廉、易于更换,但灌水均匀性差,易堵塞。

(3) 涡流式滴头,这种滴头由一个涡流室组成,水流切向流入涡流形成强烈的旋转运动,以此来消能调节出水量大小,水流由涡流室的中间孔流出。这种滴头的优点是出流孔较大、比孔口滴头大1.7倍左右;缺点是很难得到较低的流量,价格偏高。

(4) 压力补偿式滴头,这种滴头利用水流压力对滴头内弹性体(片)的作用,使流道(或孔口)形状改变或过水断面面积发生变化,即当压力减少时,增大过水面积;压力增大时,减小过水面积,从而使滴头的出流量自动保持稳定。

(二) 滴灌管

滴头与毛管制造成一体,兼具配水和滴水功能的管称为滴灌管。

(三) 微喷头

微喷头是将压力水的微量细小水滴喷洒在土壤或作物表面上的一种灌水器。微喷头有固定式和旋转式两种,前者喷射范围小,水滴小;后者喷射范围较大,水滴也大些。按照结构和工作原理又可分为射流式、离心式、折射式和缝隙式四种。

二、管道与连接

管道是微灌系统的主要组成部分,各种管道与连接件按设计要求组装成一个微灌输配水管网。在微灌工程中,管道与连接件用量大、规格多、所占投资比重大,因而所用管道与连接件质量好坏至关重要,直接关系到微灌工程的成本高低、运行质量好坏和寿命长短。

(一) 对微灌管道与连接件的基本要求

微灌的管道系统与喷灌相比,有相同之处,但因微灌设计压力和流量相对较低,灌水器精度相对较高,所以对管道和管件的要求又不尽一致。对微灌管道与连接件的基本要求有以下几点:

(1) 能承受一定的内水压力,微灌管网为压力管网,各级管道必须能承受设计工作压力,才能保证安全输水与配水。

(2) 耐腐蚀抗老化性能强,微灌管网要求所用的管道与连接件应具有较强的耐腐蚀性能,以免在输水和配水过程中因发生锈蚀、沉淀、微生物繁殖等堵塞灌水器。

(3) 规格尺寸与公差必须符合技术标准管径偏差、壁厚及偏差应在技术标准允许范围,管道内壁光滑平整、清洁以减少水头损失。

(4) 安装施工容易,各连接件之间及连接件与管道之间的连接要简单方便且不漏水。

(二) 对微灌管道原料的基本要求

微灌工程应采用塑料管,对于大型微灌工程的骨干输水管道(如上、下山干管,输水总干管等),当塑料管不能满足设计要求时,可采用其他材质的管道,但要防止锈蚀堵塞灌水器。

微灌系统常用的塑料管主要有两种,聚乙烯管和聚氯乙烯管,63 mm以下的管采用聚乙烯管,63 mm以上的管采用聚氯乙烯管。塑料管具有抗腐蚀、柔韧性较好、内壁光滑、输水阻力小、重量轻和运输安装方便等优点,是理想的微灌用管。塑料管的主要缺点是受阳光照射时易老化。

（三）微灌管道连接件的种类

（1）接头,作用是连接管道,根据两个被连接管道的管径大小,又分为等径和变径接头;根据连接方式不同,聚乙烯接头分为倒钩内承插式接头、螺纹接头和螺纹锁紧式接头三种。

（2）三通,用于管道分叉时的连接件,与接头一样,三通有等径和异径两种（图4.2）。

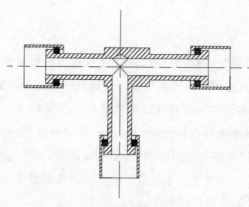

图4.2　微灌三通

（3）弯头,用于管道转弯和地形坡度变化较大之处,其结构也有倒钩内插式、螺纹连接和螺纹锁紧连接三种。

（4）堵头,用于封闭管道末端。

（5）旁通,用于毛管与支管间的连接。

（6）插杆,用于支撑微喷头,使微喷头置于规定高度。

（7）密封紧固件,用于内插式管件与管道连接时的紧固。

三、辅助装置

（一）控制、测量与保护装置

为了控制微灌系统或确保系统正常运行,必须在系统中安装必要的控制、测量与保护装置,如阀门、流量和压力调节器、流量表、进排气阀、压力表、安全阀等。

（1）进排气阀,能够自动排气和进气,当压力水来时能自动关闭。在微灌系统中主要安装在管网系统中最高位置处和局部高地。

（2）流量调节器，通过自动改变水流断面的大小来调节流量。

（3）压力调节器，用来调节微灌管道中水的压力，使之保持稳定的装置。安全阀实际上也是一种特殊的压力调节器。

（4）调压管，通常指在毛管进口处安装的调节毛管进口压力的塑料管，其工作原理是利用一定长度的细管阻耗来消除毛管进口处的多余压力，使进入毛管的水流压力保持在设计允许的压力范围内。

（5）测量装置，主要是压力表和水表。压力表反映系统是否按设计压力正常运行，特别是过滤前后的压力表，它实际上是反映过滤器堵塞程度及何时需要清洗过滤器的指示器；水表用来计量一段时间内通过管道的水流总量。

（二）过滤设备

微灌系统中灌水器出口孔径一般很小，灌水器极易被水源中的污物和杂质堵塞。因此，对灌溉水源进行严格的净化处理是微灌中的首要步骤，是保证微灌系统正常运行、延长灌水器使用寿命和保证灌水质量的关键措施。微灌系统中对物理杂质的处理设备与设施主要有拦污栅（筛、网）、沉淀池、过滤器（水砂分离器、砂石介质过滤器、筛网式过滤器）。选择净化设备和设施时，要考虑灌溉水源的水质、水中污物种类、杂质含量，同时还要考虑系统所选用洒水器种类规格、抗堵性能。

以下简介几种微灌常用过滤设备。

1. 砂石过滤器

它是通过均质等粒径石英砂形成砂床作为过滤载体进行立体深层过滤的过滤器，常用于一级过滤。其主要是采用砂石作为滤料过滤。用砂石过滤器处理水中有机杂质和无机杂质最为有效，这种过滤器滤出和存留杂质的能力很强，并可不间断供水。

2. 筛网过滤器

它是以尼龙筛网或不锈钢筛网为介质的简单而有效的过滤设备。造价较为便宜，在国内外微灌系统中使用最为广泛。筛网过滤器的种类很多，它由筛网、壳体、顶盖等主要部分组成。过滤器各部分用耐压耐腐蚀的金属或塑料制造，筛网一般用不锈钢丝制作，用于支管或毛管上的微型筛网过滤器，因压力较小，筛网除可以采用不锈钢滤网外，也可以采用钢丝网或尼龙网。

3. 叠片式过滤器

它以数量众多的带沟槽塑料圆片作为过滤介质，在过滤时，过滤叠片通过弹簧和流体压力压紧，压差越大，压紧力越强。当叠片式过滤器正常工作时，水流流经叠片,利用片壁和凹槽来聚集及截取杂物。片槽的复合内截面提供了类似于在砂石过滤器中产生的三维过滤。因而它的过滤效率很高。

(三) 施肥(药)装置

微灌系统中向压力管道内注入可溶性肥料或农药溶液的设备及装置,常用的有压差式施肥罐、开敞式肥料罐自压施肥装置、文丘里注入器和注射泵四种。压差式施肥罐一般由储液罐(化肥罐)、进水管、供肥液管、调压阀等组成。其工作原理是在输水管上的两点间形成压力差,并利用这个压力差,将化学药剂注入系统。储液罐为承压容器,承受与管道相同的压力。开敞式肥料罐自压施肥装置是把肥料箱放置于自压水源如蓄水池的正常水位下部适当的位置上,将肥料箱供水管(及阀门)与水源相连接,将输液管及阀门与微灌主管道连接,打开肥料箱供水阀,水进入肥料箱可将化肥溶解成肥液。关闭供水管阀门,打开肥料箱输液阀,化肥箱中的肥液就自动地随水流输送到灌溉管网及各个灌水器,对作物施肥。文丘里注入器是将文丘里注入装置与散开式肥料箱配套组成一套施肥装置,构造简单,造价低廉,使用方便。文丘里注入器的缺点是如果直接将其装在骨干管道上,则水头损失较大,这个缺点可以通过将文丘里注入器与管道并联安装来克服。注射泵按驱动水泵的动力来源又可分为水驱动和机械驱动两种形式。

第五章 节水灌溉工程新技术与发展方向

第一节 节水灌溉设备新技术研究

一、喷灌设备

(一) 低压喷头

低压喷灌是降低喷灌系统能耗的重要途径,研发低压喷头是发展低压喷灌的关键技术之一。近几年在低压喷头的研发方面,取得了初步成果。中国的大中型喷枪还主要以进口及仿制国外产品为主。低压喷洒技术还没有在长射程喷头上进行验证。在中长射程喷头方面,为解决普通喷头低压下射程短和均匀性不高的问题,江苏大学分别以反作用式、射流式及摇臂式喷头为基础,设计了三种低压喷头。一种为低压散水齿喷头,设计了新型间断式散水齿、空间流道、异形喷嘴等创新结构,与国外 NelsonR33 喷头相比,低压下组合均匀性平均提高了27%。一种为中国独创的外取水射流喷头,设计的外取水结构使低压工况下组合均匀性明显提高。另一种为掺气摇臂式喷头,采用掺气的方法降低了摇臂式喷头的工作压力,扩宽了摇臂式喷头的工作压力范围。

(二) 多功能喷头

在喷头多功能性实现方面,针对中国新疆红枣作物高温、干燥喷雾加湿与降温的需求,多功能喷头的研发,实现低压雾化、水药一体化、渗灌微喷互补等功能,丰富了喷微灌等喷洒模式。中国针对具体作物及地域特点开发新型灌溉模式及适用装备还不够,种类还不够丰富,系统性研究还有待进一步加强。

二、滴灌设备

针对滴灌易堵塞问题,中国学者长期以来进行了诸多研究,对现有灌水器进行了结构改进,并研发了一些新装备。例如,王新坤等应用射流附壁与换向产生的脉冲技术,开发了同向毛管射流三通、双向毛管射流三通,形成了脉冲滴灌技术,提高了抗堵性能,当同向毛管射流三通和双向毛管射流三通同时使用时抗堵效果更佳。刘露等对适应于黄河水滴灌的灌水器进行筛选研究,建立了面向不同灌溉作物的滴灌带产品选择方法。侯鹏等研究了内镶贴片式灌水器结构—淤积泥沙特性—堵塞特性参数间的关系,为灌水器的抗堵性能结构改进提供支撑。针对滴灌带重复回收利用的市场需求,牛文全等研制了一种经济环保、成型工艺简单、水力性能及抗堵塞性能优良的一体化压力补偿式滴头,利用TPE代替传统硅橡胶弹性片,实现降低回收利用成本的目的。采用PE材料复合技术,研制出具有压力补偿功能的微孔薄壁滴灌带,解决了负压吸泥和作物根系入侵堵塞问题,成本下降25%以上。李云开研发了小型自清洗灌水器、低压渗透过滤器等产品,建立了低碳环保型滴灌综合技术体系。开发了微纳米气泡发生器、移动式水肥气一体机及一体化调控滴灌系统。这些滴灌灌水器、滴灌带等产品一定程度上提高了抗堵塞性能,但产品的制造上还存在一定的问题,如工艺性、加工精度、灌水器的膜片材料等方面还需进一步的改进。过滤器是滴灌系统的关键装备之一,砂石过滤器、离心过滤器和网式、叠片过滤器品种规格已相对较多,在过滤不同水质时常常采用不同类型过滤器相组合的方式。目前较多的过滤器针对不同工况下的具体需求展开的研究,例如,针对复杂灌溉水质对大流量过滤器的需求,李盛宝创建三层滤网复合结构,研发了大流量复合网式过滤器,过滤周期较长,过滤精度较高,解决了产品能耗高、过滤效率低的问题。针对微灌系统水流精量调配需求,张晓斌等设计出阀门体+感应体的阀体结构,研制出精量调配设备,流量调节精准度高达81.5%~99.5%。雷宏军设计出循环曝气的水汽高效耦合系统,研制了水汽耦合灌溉装备及其自动控制系统,解决了掺气比率低、出气不均匀的难题,曝气比例由12%增加至30%。微灌系统的过滤器、控制调节装置、自动控制设备等配套设备还存在系列化程度低等问题。针对不同区域及作物的灌溉模式,进行合理配套,是今后微灌技术与设备的发展趋势。

三、水肥一体化设备

目前常用的水肥一体化施肥设备有文丘里施肥器、比例施肥泵、压差施肥罐、智能施肥机及柱塞泵等,国内对上述设备进行了较多研究,基本实现了国产化。例如,汪小珊等对泵注式施肥装置柱塞泵、射流器等进行了系统研究,完成了方便用户使用的产业化开发。智能施肥机国内发展较为迅速,用户需求量较大,缺点是控制系统的精度不够,决策模型不够实用。高性能的比例施肥泵目前还主要依赖进口,如法国 Dosatron、以色列 Mixrite 公司等。在国内,汤攀等掌握了比例施肥泵吸肥腔单向阀等参数对水力性能的影响规律,降低了阀芯后端旋涡强度,相比国内同类产品,施肥精度有所提高。除了上述设备以外,针对固体肥料的水肥一体化施用,张志洋等研发了两种基于溶解混施功能的水肥一体化装置,泵入式精准混施装置应用于灌溉系统首部,自流式精准混施装置应用于灌溉系统末端。精准水肥混施装置可同步进行固体肥添加、肥料溶解和注肥,且实现了施肥浓度的自动调节。刘俊萍等研发了一种蠕动泵注肥配肥装置,构建了蠕动泵配肥注肥的智能系统.同时针对蠕动泵回流问题进行结构优化,降低了蠕动泵回流程度,提高了注肥配肥精度。

灌溉装备发展趋势为节能节水化、智能化、区域模式化及标准化。灌溉装备需优先发展方向,攻克关键共性技术,研制重点产品,主要有以下几个方面:

1. 灌溉装备节能降耗关键技术研究

开展大型灌区排灌泵站的节能改造,提高系统效率,降低能耗水平。开发低压喷灌、低压滴灌及低压管灌技术及装备,降低系统能耗。研制生态友好型轴流泵、高效大流量高扬程大型离心泵等。

2. 丘陵山区农业灌溉装备与技术模式

研发丘陵山区集水、供水、水资源优化调度等装备,建立多种丘陵山区抗旱补灌灌溉模式,开发微灌、喷灌系统压力调控装备。研制低能耗多工况高扬程提水泵、应急管网系统等新型灌溉排水移动泵站,满足丘陵山区应急抢险环境下的供排水需求。

3. 盐碱地灌排控盐技术与装备

针对中国土壤盐化问题,集成水盐测墒技术,提升灌溉装备智能化水平,实现灌溉系统节水抑盐智能调控、水肥协同调控,开发盐碱地节水抑盐灌排装备,提高中国中低产田的生产能力。

4. 水肥药一体化及绿色防控技术与装备

集成水肥信息、病虫害防控监测技术,研究在线精量配肥、配药和灌溉、施肥、施药方法,优化田间灌溉管网布置,开发不同作物滴灌、喷灌水肥药精准管控决策模型及装备。

5. 智能化精确灌溉装备

提高灌溉装备的智能化水平,进一步降低大中型喷灌机和喷头运行压力与能耗,提高微灌系统的抗堵塞性和可靠性。

6. 绿色多源互补模式和非常规水资源节水灌溉装备

开发低水头、生态型、微型抽水蓄能装备、大功率低成本太阳能光伏系统等能源互补的能源微网节水灌溉装备系统,形成综合配套的清洁能源节水灌溉技术模式。开发养殖污水等非常规水资源灌溉利用技术及装备。

第二节　节水灌溉技术研究

一、水资源配置技术

以农业生产规模与客观发展需求为基础,准确掌握地下水资源储量、分布情况、区域地表等重要参数,详细了解相关数据,按照实际生产需要,保证水资源的合理调度与分配,起到一定的水环境调节效果,在灌溉回归水技术的辅助应用下,实现多水源(污水、雨水、洪水)的回收再利用,提高水资源利用率,最大限度降低农业灌溉用水流失与浪费,灵活选用适宜的防洪措施,实现防洪引流,为农业灌溉争取更多水资源。

二、水资源控制技术

该技术主要包括灌溉水管道输送技术、输水渠道防渗漏技术、抗旱点浇技术、喷灌与微灌技术等技术形式,是节水灌溉工程中的重要组成部分。该技术的应用意义,便是对水资源灌溉过程实施追踪管控,避免水资源在输送与配置期间出现"跑、冒、滴、漏"等损失情况,减少农田灌溉中的深层渗漏损失,进一步提升灌溉效率。

三、农作物节水技术

农作物节水泛指农艺及生物节水技术,一般覆盖在抗旱品种选择、耕作、覆盖保墒等技术。在该技术的应用期间,不但要抓好技术保障,同时还需做好节水灌溉期间的严格把控,充分借助现代化手段,精确管理灌溉用水。例如:通过输配水自动量测技术、自动信息系统、监控技术等现代化手段,还可以构建相应的用水制度,实现对节水灌溉全过程的科学管理。目前,我国节水灌溉技术在不断发展,逐步从单项节水技术向综合节水技术体系方向转变,并在农艺节水技术、管理节水技术、工程节水技术等多学科的相互结合下,逐步形成相对完善的农业节水体系,要定期开展综合性试验,为农业灌溉提供更多技术保障。

第六章　智能灌溉机械

第一节　智能灌溉机械技术特点

智能灌溉施肥设备具有自动化管理、农田墒情的精确测量与控制、水肥一体化精确调节肥料、远程监控等功能,可大幅提升智能灌溉设备自动化水平,提高水肥综合利用效率,很大程度上节省了人力成本。

当前节水灌溉设备向集成度更高的方向发展,单个智能灌溉集成装备相当于一个小型灌溉首部,可降低灌区的管理成本,同时高度集成化的设计可提高管理效率。

智能灌溉集成装备将水泵、过滤设备、施肥设备、仪表、传感器、控制设备等集成在一个装备中,具有"三高两易"等优势,具体为"集成度高、工作效率高、智能化程度高、易于使用、易于维护"。

第二节　智能灌溉机研究进展

一、研究进展

(一)主要开发工具

目前国内研发的智能灌溉机主要依靠计算机开发语言,用编程的方法将要实现的功能具体化,再用单片机形成接收和控制单元,集成土壤湿度传感器、温度传感器等检测系统,配套信号收集和发射装置。通过人机交换界面人工设置灌水阈值,系统根据所收集的数据进行自动判别,进而指导灌溉,由此形成一整套智能化灌溉控制系统。

（二）主要功能实现

目前较为先进的智能水肥管理设备集成土壤水分检测仪、互联网控制系统、自动气象站等建立一套物联网化的土壤水分自动控制系统，可对作物根系活动、耗水规律、气象生态环境等信息进行人工智能处理。实时监测不同土壤深度的水分与温度变化，并且可以通过手机实时查看数据。输出数据主要有作物日耗水量、土壤储水量，预测未来一段时期的降雨量和作物腾发量，辅助识别土壤饱和含水量和田间持水量，辅助计算灌溉水有效利用系数等功能，是一种较为先进的土壤水分检测和控制系统，但其缺乏对土壤肥力的检测，也没有施肥系统。

二、智能灌溉机存在的问题

（一）施肥无法实现智能管理

目前智能化灌溉设备均没有考虑作物生育期，没有根据作物生命缺水诊断信息进行供水，而是仅通过土壤指标进行灌溉。通过土壤基质势或者土壤体积含水率，结合土壤水分下限阈值，自动控制电磁阀的启闭进行灌水，这种控制方式没有充分考虑到作物不同生育期对土壤水分的需求规律及对缺水敏感程度的不同。目前主要通过在不同生育期阶段设置不同的土壤水分下限阈值，但是这种修改不仅需要技术支撑，而且增加了田间用工。其次是没有考虑施肥系统，对不同养分追施系统缺乏耦合，需要人工独立施肥，增加了施肥劳动力投入，也没有有效的土壤养分速测传感系统，目前国内外对土壤养分的速测技术尚不成熟，田间土壤养分速测仪不能准确反映田间养分情况，而且目前大多数粮食作物各生育期的需肥规律尚不明确，给自动施肥增加了不少难度，影响了灌溉系统的高效运行。

（二）微灌系统容易堵塞

目前微灌系统主要是滴灌，由于灌溉管道或灌水器紧贴地面，管道有倒吸现象，很容易将杂质吸附到出水口。田间杂草具有一定的趋水性，缠绕在管道周围，管道发生堵塞，以及管道或灌水器的出水量、渗漏、土壤水分运动等情况均不易观察。滴灌灌水器堵塞的问题有许多方面，堵塞的主要因素包括物理、微生物、化学方面。国内外许多学者对此做了研究，并研制出新型的滴头，或从灌溉管道的材质进行研发，从改变灌水器的构造上入手，或从一些水质处理及化学反应的角度上解决这类问题，虽然效果有明显的改善，但造价高、工程量大。为解决这些问题，痕量灌溉、微润灌溉等新的灌溉技术发展并迅速成熟起来。痕量灌溉技术的控水头是毛细管束与痕灌膜构成的双层膜结构,结构特点鲜明。毛细管可依靠势能差在毛细力作用下将水输送至土壤,当土壤环境水分满足时,势能差减小到最低,停止输水。面积小、孔径大的痕量灌膜负责过滤,通过与本身结构截然相反的毛细管束结合,有效避免堵塞。有研究表明痕量灌溉不仅可以提高产量和质量(包括颜色、水分、口感),并且与其他处理相比痕量灌水利用效率最高。而微润灌溉不同于痕量灌溉的特点就在于其采用出水口密集均匀的微润管或微润带灌水,湿润体近似圆柱体,灌溉面积远远大于滴灌等其他地下灌溉技术。在微润灌溉灌水过程中可以将作物生长所需的肥料加入其中,实现均匀施肥并提高肥料利用率。

第三节　智能灌溉机械功能与组成

一、设备结构与组成设计

智能灌溉机工作原理如下:

由控制系统控制水泵向水源系统引入灌溉水,引入的灌溉水首先要通过多级过滤(由自动反冲洗叠片过滤器组成),自动反冲洗叠片过滤器可以有效去除灌溉水的杂质,若农作物只需要灌溉,则可以打开灌溉通道,将灌溉水引入田间管网即完成灌溉任务,若需要进行施肥任务,首先完成肥液配比,然后控制系统开启施肥设备,开启施肥通道阀门,可与灌溉水一同进入田间管道完成施肥任务。

对于水泵的调控主要是控制系统通过变频技术根据压力、流量等多参数对灌溉水泵进行综合调控,实现按需定量精准灌溉,灌溉水泵通过变频控制压力,由用户设定,运行中保持压力恒定,灌溉泵的流量根据田间的灌溉需求自动调节。对于施肥的调控主要利用变频技术控制柱塞泵式施肥泵,基于变量注入式混肥技术,按照设定的水肥比例,通过控制系统接受水肥信息反馈,对施肥量进行精准控制,实现水、肥在线自动混合、浓度可控,达到对灌溉、施肥精准控制。

智能灌溉机分为供水系统、监测系统、决策系统,其中监测系统与决策系统主要为软件控制系统,也称为灌溉管理系统。硬件模块集中封装在智能灌溉机控制柜内。供水系统作为灌溉机械的核心部分占据了整台设备近90%的体积,双泵四通道智能灌溉机结构如图6.1所示。智能灌溉供水系统由三个机械部分组成,分别是灌溉水泵、反冲洗过滤器、施肥设备。

灌溉水泵是智能灌溉机械部件的基础,由进水管路、真空表、水泵、压力表或压力传感器、膨胀压力罐、止回阀、测量水表或流量计、灌溉电磁阀、控制器等组成。

反冲洗过滤器由过滤单元、过滤单元两位三通电磁阀、进水端压力表或压力传感器、出水端压力表或压力传感器、压差开关、控制器等组成。

施肥设备由施肥单元、加压泵(可选)、施肥通电电磁阀、调速器、控制器、流量计等组成。

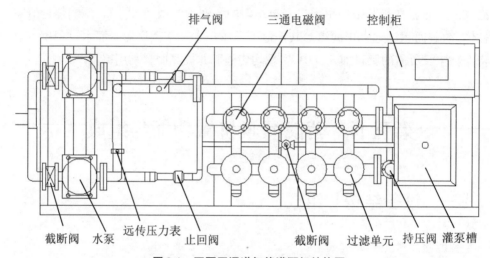

图6.1 双泵四通道智能灌溉机结构图

从结构图可以看出,设备一侧并联安装有一对同型号离心泵,此结构在有限体积内利用两台水泵提高灌溉机整体流量区间,满足了农业灌溉中常见的"小扬程大流量"使用需要。离心泵在提供了更好的变频调节性能的同时,对设备整体提出了额外的结构要求。离心泵是通过叶轮旋转而使水进行离心运动来工作的,因此水泵在启动前必须使泵壳和吸水管内充满水。基于此特性,设置灌溉水槽对离心泵进行不间断补水,保证设备可做到随时一键启动。同时,为保证灌泵水槽内始终有足够的水,在智能灌溉机工作时会反向对水槽进行补水,由于水槽体积有限不会对灌溉过程造成明显影响。

离心泵入水口安装有截断阀,出水口处安装有逆止阀,截断阀与逆止阀的设置可方便对单台水泵进行维修更换。作为智能灌溉集成装备,为提高设备紧凑度,逆止阀采用纵向安装。水泵出水管道经过阀门后汇聚为一条灌溉主管,主管上安装有远传压力表与排气阀,排气阀可将管道内留存的空气排出,避免压力表导压管内存有空气影响测量结果。

灌溉主管随后连接过滤装置,为节省过滤器体积,同时减少设备工作中的人力介入,使用自动反冲洗叠片式过滤器。自动反冲洗叠片过滤器系统包括进水管、出水管、排污管、两位三通阀、过滤器单元体、编程控制器、进水管压力表以及出水管压力表,进水管通过两位三通阀分别连接排污管和出水管,两位三通阀上设有电磁阀以控制进水管与出水管的连通或控制进水管与排污管的连通,两位三通阀与出水管之间设有用于过滤杂质的过滤器单元体。此叠片过滤器内部滤芯由若干过滤片叠加后再由弹簧压紧组成,具有过滤精度高、水质适应性好、反冲洗耗水量低、使用寿命长等特点。每张过滤叠片上根据不同过滤精度刻有不同纹路,方便根据用户需求选择不同过滤精度。同时通过压力导管监测过滤器进出水口处的压力差,可精确掌握过滤器内杂质堵塞情况,当压差过大,即严重堵塞时,可通过两位三通电磁阀自动进行反冲洗工作,减轻人工负担。

自动反冲洗的主要优点是它利用水压来运行和清洗自身,在清洗过程中不会停止过滤,自动化程度高,压力损失小,不需要手动清除过滤器残留物,这样可以减少人工成本和时间。自动反清洗分为按时间间隔进行清洗和按压差进行清洗。以时间为控制参数进行的清洗,即人为设定每隔一定时间清洗一次,不考虑过滤器是否有必要清洗。按照时间间隔进行清洗也有一定的缺陷,首先时间间隔不好设定从而无法形成彻底清洗,其次易造成反冲洗频繁出现浪费灌溉水资源,此时利用压差作为合理的控制参数能够解决上述两个问题,按照压差进行清洗的原理很简单,就是预先设定过滤器需要达到清洗时候的过滤器前后端压力差当过滤器前后端实际的压差达到预先设定值时,输出自清洗信号,实现自动清洗。

施肥设备由施肥单元、加压泵、施肥通电磁阀、调速器、控制器、流量计等组成。通过施肥设备可以实现水肥一体化,通过节水灌溉管网,液体肥料可以随灌溉水精准抵达作物根部。但传统灌溉设备自身通常不具备水肥同步的功能与部件,通常采用简易的计量泵等设备或采购水肥一体化机将肥料溶液注入灌溉主管,但由于此类设备要么缺少自动控制能力或者控制系统独立在外,无法与灌溉设备形成联动配合,因此需要一定程度的人工介入。而智能灌溉机将施肥设备集成一起,通过一套控制系统进行控制,大大提高了水肥同步效率,在灌溉设备自主调节的同时,肥料溶液也可配合灌溉水的变化动态调节。

二、控制系统设计

控制系统由三个部分的控制器组成,各控制器通过统一的控制协议进行通信,协同完成智能灌溉机组的控制工作。

灌溉部分控制器控制水泵的启停,为灌溉主管道提供所需的流量和稳定的压力,并能根据土壤墒情采集装置采集到的墒情信息,控制灌区灌水器的启闭,控制对应灌区的土壤含水率,达到对土壤墒情的监测与控制。

反冲洗过滤器控制器,控制器通过压差开关或进出水端压力传感器的数值,控制过滤器过滤单元两位三通电磁阀的启闭,依次将反冲洗单元转换为反冲洗工作模式,可实现过滤器的自清洁。

施肥设备控制器通过流量传感器或与主控制器进行通信,获取主管道流量,控制施肥单元以特定的速率向灌溉主管道注入肥料,实现水肥同步,水肥比例精确可调,且多通道的施肥设备还可以实现肥料配比的调节。

灌溉部分控制器往往作为主控制器使用,除完成水泵、灌区等组件的控制之外,同时与其他控制器(如反冲洗过滤器控制器)、信息采集装置等协同工作,完成基础的控制功能。

(一) 水泵控制

灌溉部分控制器控制水泵的启停,为灌溉主管道提供所需的流量和稳定的压力,并能根据土壤墒情采集装置采集到的墒情信息,控制灌区灌水器的启闭,控制对应灌区的土壤含水率,达到对土壤墒情的监测与控制。

(二) 自动反冲洗过滤器控制

反冲洗过滤器控制器,控制器通过压差开关或进出水端压力传感器的数值,控制过滤器过滤单元两位三通电磁阀的启闭,依次将反冲洗单元转换为反冲洗工作模式,可实现过滤器的自清洁。

(三) 施肥设备控制

施肥设备控制器通过流量传感器与主控制器进行通信,获取主管道流量,控制施肥单元以特定的速率向灌溉主管道注入肥料,实现水肥同步,水肥比例精确可调,且多通道的施肥设备还可以实现肥料配比的调节,其中变频器为离心泵提供变频信号,用于水泵软起动与总流量控制;空气开关控制整机设备380 V与220 V供电输入。

第四节　施肥模块设计与试验

通过对国内外现有施肥机与泵注式施肥设备的研究分析,发现现有泵注式施肥设备无法灵活精准地调整流量,难以满足智能灌溉技术对肥料溶液浓度的需求。本节针对农业生产需求以及智能灌溉技术的发展方向,参照设备功能需求、性能要求等内容,对智能灌溉集成装备施肥模块进行方案设计和试验研究。

一、施肥模块性能要求

(一)功能需求分析

通过充分调研现有设备的功能和学习相关技术文件,综合考虑节水灌溉农业工程具体要求,智能灌溉集成装备施肥模块应当满足以下功能需求:

1. 施肥流量可调节

在农业生产过程中,由于节水灌溉工程覆盖面积大小不一,且同一灌溉工程中可能种植多种不同作物,因此每次施肥工作中对施肥模块流量具有不同的要求。根据常规肥液浓度特性与农户操作习惯,设计合理的施肥机动力结构与控制结构,使设备可根据不同工况稳定精确调节流量,满足不同灌溉施肥情况下对单位时间内施肥量的需要。

2. 肥液与灌溉水比例可恒定

智能灌溉集成装备采用自动化精准化的灌溉施肥模式,在一次灌溉施肥过程中,由于地块形状或泵房位置原因,为保证灌水器的使用效果(灌水器工作压力),在轮灌模式下每次灌溉施肥流量存在一定差异。根据作物当前生长阶段所需肥料量与节水节肥需求,施肥模块可根据灌溉施肥总流量变化,调节自身流量,保持末端灌水器输出肥料浓度稳定,不仅可以有效节水节肥,还可以减轻管理难度。

3. 肥液均匀注入

对于水肥一体化技术,肥液注入灌溉主管道后与灌溉水混合均匀效果决定了末端灌水器之间肥料浓度的均匀性,施肥模块应具有合理的肥料注入方式,保证肥料可以均匀分布于作物根部。设计合理的肥料注射喷嘴不仅可以有效提高肥料利用率,还可以提高作物生长水平。

(二)施肥模块性能要求

智能灌溉集成装备施肥模块需要满足以下性能要求:

1. 整机运行的稳定性和连续性

在施肥模块中,肥料溶液与灌溉水按不同比例混合,需要相同浓度的水肥稳定输出。施肥系统应具有良好的稳定性和连续性。若是在灌溉施肥过程中设备出现故障可能会引起作物营养失衡。因此,施肥模块想要精确施肥,设备的稳定性与连续性是必不可少的条件。

2. 流量可调性和精确性

调查研究市场上现有的施肥机和相关资料,对智能灌溉集成装备施肥模块展开创新性研究。合理设计施肥模块控制系统,使施肥模块可精确调节注肥量,满足不同灌区面积的施肥需要。

3. 肥料溶液均匀性

施肥模块在保证自身注肥量稳定精确后,还需保证肥料溶液在进入灌溉主管后能够与灌溉水均匀混合,这样灌溉管网中各支管内水肥液体的浓度才能做到基本一致,减少肥料的浪费和对环境的污染。

为此,课题组目标是设计一款智能灌溉用高精度可控施肥机,设备工作时交流电机带动柱塞泵运转,内部柱塞结构在腔体内运动,将肥料溶液吸出后再注入灌溉主管中。肥料溶液随管道流至注肥喷嘴,再经过注肥喷嘴流到底部孔口,并分成多股均匀流入灌溉主管中,使得末端支管中肥料溶液浓度相同。在肥料溶液吸取过程中,控制系统作用于变频器的输出频率,达到对交流电机转速的控制,进而实现控制肥料注入速率。同时控制系统通过传感器采集灌溉主管内的流量与压力信息,实时调整变频器输出,实现肥料溶液与灌溉水的同步变化。最终水肥混合液在智能灌溉集成装备的作用下,以一定压力输送到农作物灌区进行释放,通过预设的灌溉管网进行水肥一体化灌溉。

二、部件划分与整机设计

通过以上对智能灌溉集成装备施肥模块工作原理的设计,结合现有水肥一体化施肥机的理论基础,将施肥模块关键结构分为机械传动部分及施肥控制器部分。

(一)机械传动部分

为了在提高施肥模块流量的同时减少灌溉主管的水头损失,选择泵注式结构作为施肥模块核心。区别于传统泵注式结构,为了更好地控制施肥模块流量,选择使用变频器控制交流电机转动,进而通过传动皮带使柱塞泵运转,输出频率的变化使得柱塞泵运转速度变化可调。

（二）施肥控制器部分

建立一个有效的施肥模块控制系统,来实现控制整个施肥模块的运行、对多种传感器采集的管道信息进行处理、调整变频器输出频率、与智能灌溉集成装备进行通信。

在完成各部件划分后将其整合为可协调工作的整体,如图6.2所示,机械传动部分将肥料溶液从储肥桶中吸出,随后经过注肥喷嘴注入灌溉主管,最后经末端节水灌溉管网流入农田。此过程中施肥控制器监控灌溉主管中压力、流量等信息并对变频器进行实时调控。

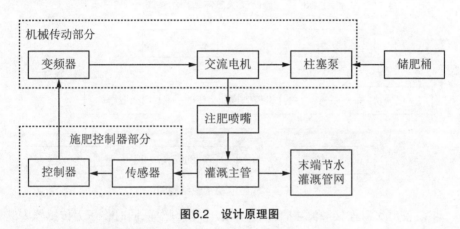

图6.2　设计原理图

三、施肥模块设计

（一）施肥模块主结构设计

施肥模块主结构是施肥机的核心,现阶段泵注式水肥一体化设备主要使用计量泵作为动力源。操作人员在储肥桶内将可溶性固体肥料充分溶解,并确认灌溉主管内水流稳定后,手动开启计量泵,将储肥桶内肥料注入灌溉主管。此方式需要操作人员具备较高的熟练度,同时计量泵的作业效率低、精度低,不利于智能化节水灌溉模式的发展。现有设备中也有交流电机带动柱塞泵的喷洒肥料的结构,但由于缺乏精确的调速手段,精度一样无法保证,因此难以直接用于智能灌溉集成装备之中。

针对以上问题设计智能灌溉集成装备施肥模块总体结构示意图如图6.3所示,主要包括柱塞泵、交流电机、变频器、单片机控制模块、压力传感器等,其中单片机模块集成安装在变频器内,超声波流量计则安装在主管道上。图6.4为施肥模块系统结构图。

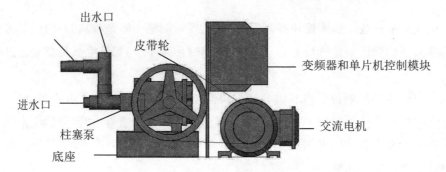

图6.3　施肥模块总体结构示意图

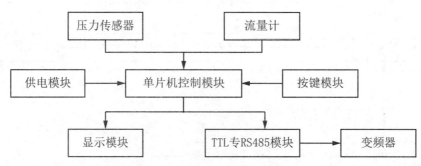

图6.4　施肥模块系统结构图

将设备出水口连接灌溉主管道,进水口连接储肥桶,同时将压力传感器安装在施肥模块出水口附近。设备开启后压力传感器检测施肥模块出水口压力,超声波流量计获取主管道内流量值通过RS232串口发送给单片机,单片机内部根据采集到的压力值与流量值,将按键键入的流量值或水肥配比转变为对应的频率值,并经过TTL转RS485电路将频率信号传递给变频器。变频器输出相应频率使交流电驱动电机工作,最后通过皮带轮带动柱塞泵运转将肥液注入主管道。

(二) 施肥模块关键结构设计

1. 机械传动结构设计

机械传动结构如图6.5所示,采用柱塞泵与交流电机组合的方式,两者之间使用皮带轮进行动力传递,但传动皮带在工作负载过高的情况下会打滑。经过调研实际灌溉主管中的压力值基本不会超过0.5 MPa,将此结构在0.5 MPa压力下连续工频运转10小时,观察皮带未出现明显打滑。由于设计采用调节柱塞运动频率实现流量控制,所以使用的是3柱塞的卧式柱塞泵,与其他类型相比,此型号柱塞泵出水口流量脉动性较低,更易被测量。

图6.5　机械传动结构

2. 施肥模块控制器模块设计

单片机是一种集成电路芯片,是采用超大规模集成电路技术把数据处理、随机存储等功能集成到一块硅片上构成的一个小而完善的计算机系统。由于单片机具有高集成度、体积小、高可靠性、控制功能强等特点,施肥模块在设计时选用单片机作为控制器核心。控制器主要控制变频器的工作,通过实时采集灌溉主管内的水压与流量,将数据传输到控制器后,控制器根据当前主管道内水流情况与用户需求,生成当前交流电机所需频率,最终按照指定的通信协议向变频器发送控制信息。控制器在设计时采用模块化方案,可根据实现功能的不同,划分为不同的硬件模块:单片机模块、供电模块、RS485通信接口等。

控制器采用低功耗高性能单片机STC12C5A60S2作为核心控制器,基本配置电路包括晶振电路、复位电路、外部接口电路(I/O接口、外部中断接口、串口扩展电路、RS485接口)、电源供电电路、Flash存储电路和RTC时钟电路,单片机模块外部电路如图6.6所示。

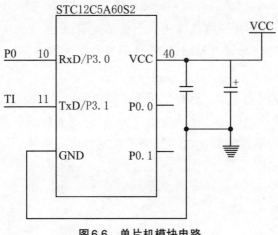

图6.6　单片机模块电路

供电模块如图6.7所示,控制器采用行业广泛应用的DC24 V电源,经处理后供给控制器不同电路使用。经处理后实际工作电源有两种:第一种为DC24 V,用于控制超声波流量计、电磁阀供电;第二种是常供5 V,供单片机、显示模块、压力传感器等其他部件使用。

供电电路模块设计遵循以下几点原则:

(a) 设备供电电压采用通用的DC24 V,电路板电压仅在24 V和5 V直接转换;

(b) 要有电源防反接保护;

(c) 系统低功耗设计,采用电源管理技术,不同功能模块部分分开供电,对部分模块工作时才供电,其余时间不供电,减少功耗;

(d) 数字电路和模拟电路分开供电;

(e) 电源芯片尽量选择自身功耗小、效率高的开关式芯片,以减少不必要的电源损耗。

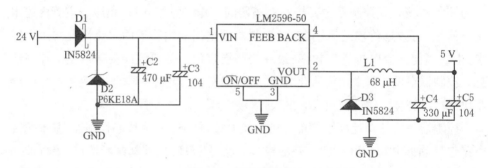

图6.7　供电模块电路

RS485通信由于其成本低廉、电路设计简单、可靠性高的特点,已经广泛应用于工业控制、机电一体化产品等诸多领域。本施肥设备所用压力传感器、流量计均为RS485通信,在不使用中继器的情况下通信距离可达1.2 km,最大传输速率为10 Mbp。RS485通信与供电相结合,实现采集数据时供电,平时关闭传感器降低功耗的目的。

RS485接口电路由于配置有收/发逻辑控制电路,只能够在任一时刻将微处理器的发送信号TX转换成通信网络中的差分信号,或者将通信网络中的差分信号转换成能被微处理器接收的RX信号,而不能同时进行两种信号转换。具体电路如图6.8所示。

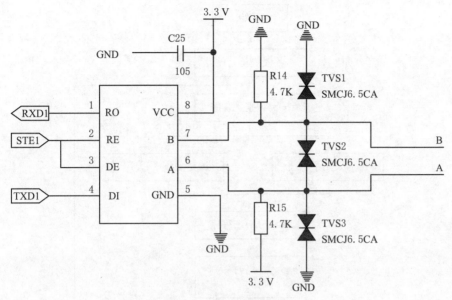

图6.8　RS485接口电路

（三）控制系统工作流程设计

控制系统主程序由C语言编写,其流程如图6.9所示,主要包括各模块初始化、按键识别子程序、压力采集子程序、流量采集子程序、状态分析子程序、频率计算子程序、数据发送子程序及OLED显示子程序。其中频率计算程序是软件设计的关键,直接影响到施肥模块注肥量的精确性。软件主要实现的功能是将测得的施肥模块出水口压力值或主管道流量值与按键输入的流量值或水肥配比代入后续试验总结出关系式中,计算得到对应的变频器频率,检测设备出水口的压力、主管道的流量,并感知按键内容,将检测的内容显示在屏幕上。

其中状态分析子程序负责对压力与流量采集结果进行数值分析,并得出当前灌溉主管中水流情况。控制系统开启后,对压力采集子程序所采集的每5个压力值求平均值,并将此平均值作为当前管道内压力值保存,同时用新求得的平均值与前一个平均值求差,当差值连续出现3次同符号数时,判断管道内水流发生变化。若施肥模块开启了定比施肥,考虑到超声波流量计数值存在一定幅度波动,为避免施肥机因波动频繁调整转速,同样使用流量采集子程序所采集流量值的平均值作为当前管道内流量,且仅在判断主管道内水流发生变化时更新主管道流量值。

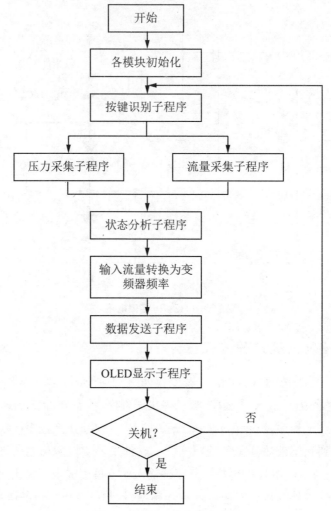

图6.9 控制系统主程序流程

（四）施肥模块内置频率计算方法设计

施肥模块动力驱动设备为一台三相交流异步电机,此类电机在工作时实际转速n满足公式:

$$n = \frac{60f(1-s)}{p} \tag{6.1}$$

式中,s为三相异步电机转差率,用%表示;

n为电机实际转速,单位为r·min^{-1};

p为电机磁极对数;

f为电机输入频率,单位为Hz。

式(6.1)中可见交流电机转速的影响因素有三个,其中电机磁极对数为设备固有属性,而三相异步电动机转差率受电机负载直接影响与电机输入频率作为影响因素直接决定当前交流异步电机的实际转速。同时柱塞泵在高压工作时一部分高压液体会从活塞与缸套间的间隙泄漏,造成流量损失,因此施肥模块动力系统具备非线性特性。

施肥模块负载主要由设备出水口处压力值与流量组成,故通过试验测量在不同出口压力值与输入频率下的流量值,再由测量结果分析变频器输出频率与流量和压力的关系,并建立公式。由于往复泵出口流量呈脉动变化,传统测流量仪器难以准确测量,故采用容积法测施肥机流量。除自主设计搭建的施肥模块之外,还使用一套恒压供水系统。所用仪器有中国红旗仪表有限公司Y-60径向压力表。

通过使用恒压供水控制系统形成水循环系统,获得不同的主管道压力状态,将恒压供水系统内水泵的进水口接在水箱的出水口上,而系统的末端出水口利用水管引至水箱的顶部开口处。

试验时,先将恒压供水系统打开,调节施肥模块出口处压力分别为 0 MPa、0.05 MPa、0.1 MPa、0.15 MPa、0.2 MPa、0.25 MPa、0.3 MPa、0.35 MPa、0.4 MPa,随后将施肥机开启手动调节模式,通过手动调节变频器的输出频率分别为 5 Hz、10 Hz、15 Hz、20 Hz、25 Hz、30 Hz、35 Hz,待施肥模块稳定后记录下储肥桶减少100 L液体所用时间,通过计算得出当前流量。由此得到出水口压力、设备流量值、变频器频率关系如表6.1所示,通过分析流量变化特点建立以下公式:

$$f = pQ \div \left[60 \left(1.02 - \frac{\left(\frac{60}{3.5}\right)(P - 0.5) + 64.69}{Q\frac{1000}{30*60}k + 246} \right) \right] \qquad (6.2)$$

式中,P 为设备出水口处压力,单位为MPa;

Q 为设备出口流量,单位为 L·h^{-1};

k 为柱塞泵与交流电机传动比例;

p 为电机磁极对数。

式(6.2)为设备内部求变频器输出频率公式,设备通过动态监测出水口压力与设定流量,并带入公式(6.2)计算得出预测目标状态下变频器输出频率,进而实现精确设备流量。通过将同一压力、7种流量值下频率计算值与试验值的差求绝对值后相加再取平均,可以得到9个出水口压力下频率数值解与试验值的平均相对误差如表6.2所示。数值解与现有试验数据的平均相对误差小于2.89%,可见在9种不同出口压力下数值解与试验数据较为接近。该频率计算公式可以较好地预测变频器在不同出口压力下的输出频率,进而精确控制施肥模块流量。

表6.1 不同压力与变频器频率下流量

变频器频率值(Hz)	流　量　值(L·h⁻¹)								
	0.0 MPa	0.05 MPa	0.1 MPa	0.15 MPa	0.2 MPa	0.25 MPa	0.3 MPa	0.35 MPa	0.4 MPa
5	134	126	124	119	116	106	98	96	96
10	285	276	277	270	265	257	251	246	243
15	436	433	419	412	410	402	400	385	392
20	580	552	549	545	540	533	528	523	517
25	733	733	693	689	683	677	665	660	651
30	885	836	837	834	829	818	807	800	800
35	1045	980	980	980	980	958	952	946	940

表6.2 不同压力下输出频率平均相对误差

压力值(MPa)	0	0.05	0.1	0.15	0.2	0.25	0.3	0.35	0.4
平均相对误差	1.542%	2.889%	2.059%	2.000%	1.896%	2.356%	2.849%	1.837%	2.129%

　　本节将施肥设备分为机械传动结构及施肥模块控制器等组件,并对各个关键结构与控制系统进行方案设计,论证了设计方案的合理性。经过对设备主结构模型的搭建,确定整机基本结构,为施肥模块样机制作奠定了基础。

四、施肥模块试验

　　高精度可控施肥机的施肥均匀性试验在安徽省合肥市长丰县安徽农业大学校外实践基地的连栋棚内进行,每栋大棚长80 m、宽20 m、高3 m,棚内喷灌管路采用32 mm PE软管,间距5 m纵向排布,共6条PE软管(即支管A—F),每条软管上喷头间距5 m,共安装16个喷头,如图6.10所示。为了防止储肥桶内有未溶解的肥料晶体堵塞喷头,在施肥机出水端安装了一个网式过滤器。试验水源由恒压供水系统提供,管道内水压可达0.3 MPa,满足试验要求。

　　为防止可溶性固体肥料颗粒在搅拌时未能充分溶解或出现沉淀现象影响最终肥料溶液浓度,试验中在施肥罐上方安装了搅拌装置,如图6.11所示。

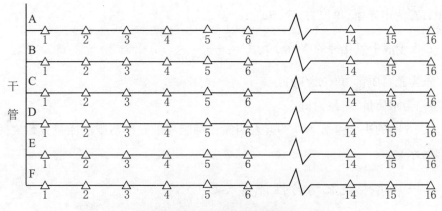

图6.10　喷灌管道示意图

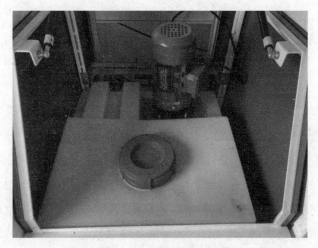

图6.11　施肥罐与搅拌装置

　　智能灌溉集成装备施肥模块的施肥均匀性在于喷灌施肥均匀性与支管肥料浓度的稳定性。通过重点分析施肥模块正常工作条件下最大注肥量、施肥模块在恒流模式下不同流量时喷头喷嘴的喷洒肥液浓度、定比模式下不同喷灌流量变化幅度时支管内肥液浓度变化、施肥模块连续长时间工作下的稳定性,从而评价施肥模块的施肥效果。

　　为使得试验中肥料溶液导电性更易被测得,需选用强电解质作为试验材料,通过对多种肥料成分分析后,最终试验中选择氯化钾肥料。氯化钾肥料溶液的质量分数通过电导率求得,利用哈希sensION156型多功能参数测量仪测量肥液的电导率,得到的氯化钾肥料溶液质量分数和电导率的拟合公式为

$$EC = 22441C + 771.48 \ (R^2 = 0.999) \tag{6.3}$$

式中,EC 为电导率,单位为 $\mu S \cdot cm^{-1}$;

C 为肥液中氯化钾的质量分数,$C = \dfrac{m}{m + m_w} \times 100\%$;

m 为肥料质量,单位为 kg;

m_w 为水质量,单位为 kg。

式(6.3)的决定系数为 0.999,表明氯化钾肥液电导率与肥液质量分数之间呈极显著水平。

(一) 喷灌施肥均匀性评价参数

喷灌喷头的喷洒肥液浓度均匀性测定可用克里斯琴森均匀系数 C_U 和变异系数 C_V 表示:

(1) 克里斯琴森均匀系数 C_U:参照表征喷灌水量分布均匀性的克里斯琴森均匀系数,即

$$C_U = \left(1 - \frac{|\Delta EC|}{\overline{EC}}\right) \times 100\% \tag{6.4}$$

式中,C_U 为克里斯琴森均匀系数,用%表示;

ΔEC 为所有量杯中肥液电导率(或肥液浓度)的平均偏差,单位为 $\mu S \cdot cm^{-1}$;

$\overline{EC}$ 为所有量杯中肥液电导率(或肥液浓度)的算术平均值,单位为 $\mu S \cdot cm^{-1}$。

(2) 变异系数 C_V:用于表示各量杯电导率(或肥液浓度)的标准偏差与算术平均值的比值。喷灌施肥均匀性越高,测得的变异系数越小。计算公式为:

$$C_V = \frac{S}{\overline{EC}} \times 100\% \tag{6.5}$$

式中,C_V 为变异系数,用%表示;

S 为所有量杯中肥液电导率(或肥液浓度)的标准偏差,单位为 $\mu S \cdot cm^{-1}$。

(二) 最大注肥量试验

施肥模块最大注肥量是验证试制样机性能的重要参数,通过试验最大吸肥量数据,可设定控制系统的恒流施肥参数。

在对样机的最大注肥量试验中,首先开启总电源与变频器启动施肥模块,并将管道上所有阀门都保持全开状态,柱塞泵流量存在一定脉冲特性,采用称重法进行流量测定,并重复测量 4 次,取 4 次测量结果的平均值作为施肥模块最大注肥量,如表 6.3 所示。

表6.3 最大注肥量数据统计表

第一次试验	第二次试验	第三次试验	第四次试验	平均值
1323 L·h^{-1}	1342 L·h^{-1}	1331 L·h^{-1}	1336 L·h^{-1}	1333 L·h^{-1}

（三）恒流施肥试验

为了研究设备不同恒定流量对施肥均匀性的影响,试验选取施肥模块流量作为单一变量。施肥模块分别选取100 L·h^{-1}、200 L·h^{-1}、400 L·h^{-1}、600 L·h^{-1}、800 L·h^{-1}、1000 L·h^{-1}6种不同输出流量。

恒压供水主管维持0.3 MPa压力,同时开启6条喷灌支管进行试验,此时喷头总流量为3 m^3·h^{-1},储肥桶中肥液按照氯化钾肥料和清水的质量比为1∶333进行配制。

每种流量情况下试验时,先启动智能灌溉集成装备恒压供水,再开启施肥模块,待所有喷头正常喷洒且系统压力与流量稳定后,再进行施肥均匀性试验。在6条喷灌支管上随机选取10个喷头作为肥液样本采集点,使用量杯接取这10个喷头的喷洒肥液各150 mL,并测定肥液导电率。试验现场如图6.12所示。

（a）试验场地　　　　　　　　　　（b）肥液采集

图6.12　试验现场

通过试验测得各喷头喷洒肥液的电导率分布规律如图6.13所示。可以看出不同流量下的电导率变化规律总体一致。计算施肥模块在不同流量下运行时的电导率平均值$\overline{EC}$以及C_U、C_V值,并将结果相互对比。可以看到施肥模块小流量工作时测得电导率平均值小于大流量下的电导率平均值,主要原因是施肥模块向灌溉主管内注入的肥料溶液速率变小,而主管内灌溉水流量基本保持稳定,导致灌溉主管内混合后的肥料溶液浓度降低,进而各喷头喷洒出的肥料溶液所测得的电导率变小。现将不同流量下的电导率平均值进行线性拟合,得到

$$\overline{EC} = 1.82Q + 738.32(R^2 = 0.999) \tag{6.6}$$

式中,$\overline{EC}$为电导率平均值,单位为$\mu S\cdot cm^{-1}$;

Q为施肥机流量,单位为$L\cdot h^{-1}$。

式(6.6)的决定系数R^2达到了0.999,表明电导率的平均值与施肥模块流量之间具有显著的正相关关系,说明施肥机在不同流量下都能实现稳定运行,这直接关系到施肥模块的变量施肥功能。

智能灌溉集成装备施肥模块恒流施肥时,多种流量下不同喷头喷洒肥液电导率分析结果见表6.4,由其中电导率可知,所有流量情况下所测得的电导率平均值均小于其质量分数所对应的理论电导率值,造成这种差异的原因是多方面的,如试验固体氯化钾中存在细小的不溶物,溶液中存在电解质,氯化钾溶液分层,管道灌溉水流量不稳定等,在相同条件下,这些差异不会影响各喷嘴电导率分布的均匀性。

且根据表中C_U、C_V值,可以看出施肥机在不同流量下工作时的喷灌施肥均匀性的变异系数C_V的最大值仅为0.75%,而克里斯琴森均匀系数C_U均超过99%,表明每种流量下,喷头喷洒肥液浓度高度一致,但根据C_U、C_V的变化规律可以得到大流量下的施肥模块工作均匀性更好。

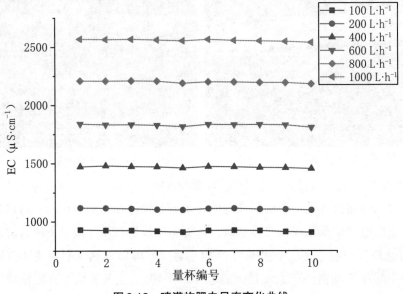

图6.13 喷灌施肥电导率变化曲线

表6.4　电导率分析结果

流量值(L·h^{-1})	$\overline{EC}$ (μS·cm^{-1})	理论值 (μS·cm^{-1})	C_U	C_V
100	920.3	995.89	99.33%	0.75%
200	1108.9	1220.3	99.52%	0.55%
400	1469.1	1669.12	99.59%	0.47%
600	1830.6	2117.94	99.63%	0.48%
800	2199.8	2566.76	99.67%	0.39%
1000	2558.5	3015.58	99.71%	0.35%

通过温室喷灌恒流施肥试验,有效验证了施肥模块在不同流量需求下都具有较高的稳定性与施肥均匀性,且与文丘里式施肥机和比例泵式施肥机相比,施肥模块具有更高的流量调节精度与施肥速度,实现了在对灌溉主管没有造成压力损失的同时控制管道内肥料浓度。

（四）定比施肥试验

为了研究设备在定比施肥时喷灌肥液浓度稳定性,设置施肥模块开启定比施肥为试验组,未开启定比施肥为对照组,试验组与对照组内设置两种喷灌流量变化幅度。水肥配比选择1:10,储肥桶中肥液按照氯化钾肥料和清水的质量比为1:90.9,混合后主管内肥液理论质量分数约为0.1%,由式(6.3)得到相应的电导率理论值为3015.58 μS·cm^{-1}。喷灌流量变化幅度即喷灌支管关闭数量,分别为关闭E、F与关闭C、D、E、F两种情况。

每次试验时先启动智能灌溉集成装备恒压供水再开启施肥模块,待所有喷头正常喷洒且系统压力与流量稳定后,再进行肥料浓度稳定性试验。在两条常开的A、B喷灌软管上分别选取1号、7号与16号喷头作为6个肥液采集点。由于单个喷头每分钟喷洒量约为500 mL,每根支管内可存约6 L液体,且恒压供水系统内置PID的调整时间约为60 s,故每次采集肥液100 mL,共采集6次。在改变喷灌流量前进行第一次肥液采集,完成后关闭相应数量的支管,随后每间隔30 s在各采集点采集1次,再采集5次。

在两种喷灌流量变化幅度的试验组与对照组试验中测得各采集点的肥液电导率,为体现灌溉管网中支管内肥料浓度整体情况,将试验组与对照组所测各量杯电导率取平均值,并将不同流量变化幅度的试验组与对照组流量绘制成点线图,分析变化趋势见图6.14。通过分析试验结果,在1:10水肥配比,关闭两条支管时试验组的肥液电导率稳定在2568.4 μS·cm^{-1}、对照组的肥液电导率稳定在

3038.3 $\mu S \cdot cm^{-1}$;关闭4条支管时试验组的肥液电导率稳定在2549.4 $\mu S \cdot cm^{-1}$、对照组的肥液电导率稳定在4196.6 $\mu S \cdot cm^{-1}$。两种流量变化幅度情况下,试验组肥液电导率最终稳定值皆与目标值存在一定偏差,此偏差出现可能与超声波流量计的精确度及施肥模块流量误差有关,但通过计算电导率偏差率小于4%,仍体现比例调节的精确性。

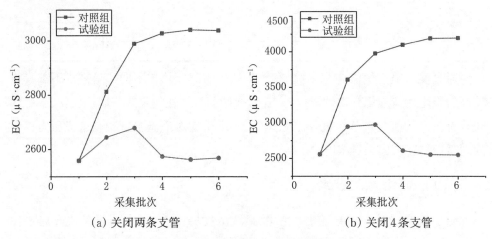

（a）关闭两条支管　　　　　　　　（b）关闭4条支管

图6.14　电导率平均值变化曲线

通过分析图6.14,试验组的管道内电导率值经历先增大后变小的过程,根据喷灌管道内水力分析可知,当喷灌流量减少后,管道内各部件水头损失降低,灌溉主管压力增大,导致各喷头处的压力与流量略有上升。随后恒压供水控制系统对管道进行调压,喷灌总流量进一步减少,此过程由于施肥模块定比施肥存在响应延迟,设备流量无法及时匹配总喷灌流量,管道内肥液浓度缓慢上升。最终主管道内压力回到恒压数值,喷灌总流量趋于稳定,施肥模块根据此时流量调节自身流量后,管道内肥液浓度开始逐渐降低,逼近目标值。

通过施肥模块定比施肥对灌溉主管内肥料浓度进行控制,虽然不能完全消除因灌溉流量变化所引起的浓度波动,但波动持续时间明显降低,提高了施肥精度。与传统人工调节施肥机流量相比,智能灌溉集成装备施肥模块响应速度更快、精度更高、人工成本更低。

（五）运行稳定性试验

设备投入运行前的关键步骤是检查其运行稳定性。在完成设备最大注肥量、恒流施肥、定比施肥试验后,进一步进行了设备在长期运行条件下的稳定性和连续性试验。在稳定性试验中,设定施肥模块注肥量分别为300 $L \cdot h^{-1}$、600 $L \cdot h^{-1}$、900 $L \cdot h^{-1}$。

考虑到农作物的水肥灌溉过程时间较长,设备运行稳定性试验进行时间为8小时,此过程中观察整机部件运行是否稳定可靠。试验采用容积法对施肥模块的实际注肥量进行测量,3种流量下施肥模块运行8小时中进行8次实际注肥量测量,如图6.15所示。

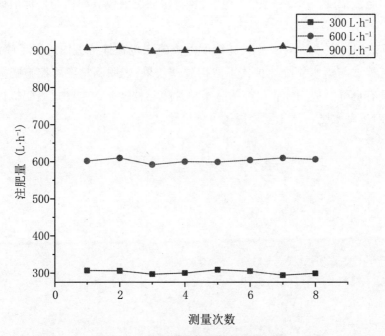

图6.15 施肥模块稳定性数据统计图

通过对施肥模块运行8小时中进行的8次注肥量测量值统计,由上图注肥量稳定性数据统计图中绘制的线性趋势图可以看出,施肥模块的注肥量虽有波动但保持在合理的范围内,充分说明施肥模块的运行具有良好的稳定性。

五、研究结论

(1) 采用单片机、压力传感器、超声波流量计、柱塞泵、交流电机、变频器等设计了高精度可控施肥机。

(2) 高精度可控施肥机可控流量范围为60~1200 $L \cdot h^{-1}$;通过调节设备流量,可适应储肥桶内不同浓度肥液的施肥要求。

(3) 高精度可控施肥机在恒流模式下,将设备流量分别恒定为100 $L \cdot h^{-1}$、200 $L \cdot h^{-1}$、400 $L \cdot h^{-1}$、600 $L \cdot h^{-1}$、800 $L \cdot h^{-1}$、1000 $L \cdot h^{-1}$时,各喷头喷洒肥液的电导率平均值与设备流量呈正相关性,且喷灌施肥均匀系数超过99%。表明改变施

肥机的流量可以实现高均匀度变量施肥。且喷灌施肥均匀系数 C_U 为 99.33% ～ 99.71%，变异系数 C_V 为 0.35%～0.75%，其中施肥机流量越大，施肥的均匀性越好。

（4）高精度可控施肥机在恒水肥配比模式下，当喷灌喷头数发生变化时，试验组管道内肥液浓度在 160 s 时趋于稳定，且稳定后肥液电导率值与目标值偏差率小于 4%。

（5）使用自主设计的泵注式高精度可控施肥机在连栋棚内进行了喷灌试验，并在恒流模式与恒水肥配比模式下取得预期效果，表明高精度可控施肥机在温室施肥中具有良好的适用性。研究为基于单片机与柱塞泵的泵注式施肥机提供了技术支持，对推动水肥一体化发展提供了新思路。

第七章　控制系统研发

灌溉系统工程由首部枢纽、输配水管网和灌水器等组成。本研究设计的控制系统用于首部枢纽控制,按照功能分为灌溉管理控制模块、反冲洗过滤控制模块、施肥控制模块、采集处理装置、主控制器等。

第一节　前期技术验证

2017—2019年,课题组研制了第一代水肥一体机,是一款基于文丘里射流器的3通道施肥机,采用射流器产生负压完成吸肥。控制系统采用PLC控制器,采用HMI人机交互界面作为控制面板。控制系统支持任意通道定时施肥,并可检测肥料桶内水位,在肥料桶内水位降低至最低水位时,控制系统自动停机。

第一代水肥一体机采用的PLC型号为Delta DVP20SX211R(图7.1),该型控制器具有8个数字输入通道,4个模拟输入通道,6个继电器数字输出通道和2个模拟输出通道。程序容量16k steps,数据寄存器容量10k words。

图7.1　PLC控制器

PLC程序共约2000步,由主程序和13个函数组成,P1函数用于配置串口通信相关参数,P2函数实现主管压力超压保护功能,P3函数负责运行模式切换,P4与

P5函数为第一代施肥机的功能函数,已经弃用,P6函数为自动模式下施肥定时功能,P7函数用于实现手动模式与调试模式下灌区控制功能,P8函数用于实现恒压供水控制功能,P9函数实现灌区管理及主泵跟随灌区启停的功能,P10函数实现手动模式下施肥泵与施肥通道控制功能,P11函数实现自动模式下定时控制与灌区控制功能,P12函数实现反冲洗过滤器自动反冲洗及手动反冲洗功能,P13函数实现灌区与施肥通道启动时长计时功能。PLC程序采用WPLSoft 2.50编写(图7.2)。

图7.2 PLC程序

HMI界面分为5个部分,管理界面、设置界面、自动控制界面、远程控制界面与技术支持界面。其中:

(1)管理界面显示常用控制组件,可控制补水电磁阀、搅拌桶、施肥通道、施肥泵、主泵,并可显示施肥时长与肥料桶水位。

(2)设置界面用于设置5个主要参数,包括施肥泵跟随施肥通道启停参数、主泵跟随灌区启停参数、搅拌桶跟随施肥通道启停参数、是否允许远程控制参数、是否允许自动启停参数。

(3)自动控制界面用于设置灌溉与施肥的启停,可以在一天内设置多个启停时间段,可在一周内选择任意天数进行灌溉。定时模式启动后,主泵与施肥泵跟随启动的相关选项会自动选中并启用。

(4)远程控制界面用于设置与远程传输设备通信的相关参数,勾选远程模式后,定时模式会自动失效,同时仅自动勾选必要的选项。

(5)技术支持界面通过点击界面中的LOGO进入,用户在遇到使用问题时,可以直接通过技术支持界面提供的联系方式完成售后。HMI程序采用DOPSoft 2.0.7编写(图7.3)。

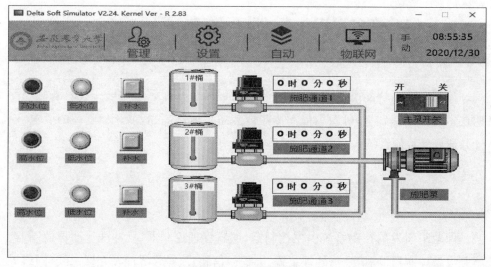

图7.3　HMI软件界面

第一代水肥一体机基于变频器驱动施肥泵具有启停平滑、节能、保护功能完善、控制性能好等多种优势,采用PLC控制器控制变频器,通过通信控制变频器,进而控制水泵电机转速,从而控制压力和流量。

在先前研制的第一代水肥一体机的基础上,使用PLC控制器进行前期技术验证,对PLC控制器增加多种改进,一是增加了搅拌器控制,支持跟随施肥通道启停,支持启停计时。二是支持3种工作模式切换,可在手动、定时、自动3种模式下切换。三是拓展了施肥功能,增加了施肥通道计时功能。同时在HMI人机交互界面针对施肥环节进行优化,将图形与控制按钮结合起来,将变频器频率等参数隐藏在二级菜单中,同时将不同灌溉压力下,施肥流量与变频器频率的关系存储在控制器中,主界面显示用户最关心的流量数据,用户只需要点击对应的图形即可启动相应的部件,达到"所见即所得"的效果,控制效率得到提升。变频系统针对施肥泵的特点进行优化,通过PLC控制器中储存施肥流量对应的频率表,PLC控制器控制变频器时,不再从最低频率开始启动,而是从施肥时的最低流量开始启动,用户可以直观地设置流量,无需关注施肥泵的工作频率,更直观地向用户展示施肥流量。PLC压力控制算法采用内置的PID算法,控制器既可通过变频器获取电机负载信息,也可通过灌溉管道上安装的压力传感器获取压力信息,控制变频器实时修正,进而使管道压力适应灌溉系统负载的变化。

课题组通过前期技术验证,基本确定了最有利于用户操作的灌溉机控制结构,为后期开发施肥设备专用控制器节省大量时间,同时降低了系统调试的时间。

第二节　控制系统集成研发

控制系统是智能灌溉集成装备的核心组件之一,课题组在第一代灌溉机及前期技术验证的基础上,针对智能灌溉集成装备集成化高、智能化程度高的要求,设计并研发其控制系统。

一、研究对象

课题组研发的控制系统由主控制器、灌溉管理控制器、反冲洗过滤器控制器、施肥设备控制器、墒情采集处理装置、远程通信装置、操作界面及互联总线、网络等组成(图7.4)。主控制器通过总线连接各模块,控制各模块工作。

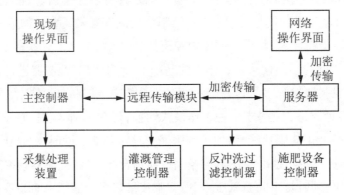

图7.4　首部枢纽控制系统

现场操作界面与网络操作界面统一采用JavaScript编写,二者具有统一的操作界面和操作步骤,便于操作人员学习。服务器与远程传输模块、网络操作界面的通信基于Websocket实现双向全双工数据传输,数据基于TLS采用WSS协议加密,保障数据的安全传输。采集处理装置采集传感器信息为主控制器分担处理压力。运行在服务器上的服务软件与主控制器协同完成远程数据传输、传感器监测、设备控制等功能。

控制系统的操作界面可根据项目具体要求分为分离式操作界面结构和整体式操作界面结构两种,分离式操作界面结构的现场操作界面仅与主控制器通信,主控制器通过远程通信模块连接服务器,类似于工业上广泛使用的HMI＋PLC的控制方式,分离式操作界面结构如图7.5所示。

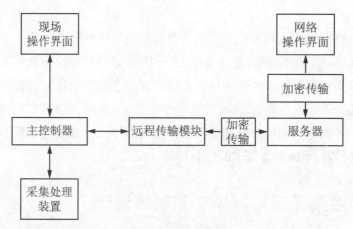

图7.5 分离式结构

整体式操作界面采用AIO一体机代替分离式操作界面结构中的现场操作界面,AIO一体机采用内部总线直接与服务器通信,使得主控制器通信压力较低,整体式操作界面如图7.6所示。

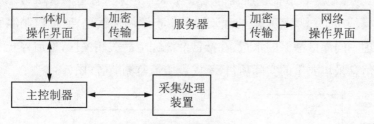

图7.6 整体式结构

整体式操作界面采用具有远程通信模块的一体机,减轻了主控制器的负担,简化了程序结构。对于特定项目,可以采用AIO一体机代替现场操作界面和主控制器,使得成本降低,可以简化成如图7.7所示结构。

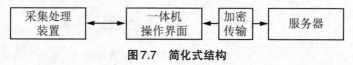

图7.7 简化式结构

智能灌溉机组同时支持分离式界面和整体式界面,分离式控制界面适合搭配不同型号的控制器,具有更高的灵活性,适用于已有设备的改装。整体式界面将控制器集成于控制面板中,有利于缩小设备体积,适用于新建项目。

课题组研发的控制系统可根据项目类型及灌溉装备组成,选用适宜的模块进行组合,可适用于更多类型的灌溉管理任务。

二、控制系统研发

课题组研发的各控制模块的控制电路采用模块化设计,将CH32V处理器、时钟电路、调试接口、外部存储、稳压电路、工作指示LED灯等统一制作成核心板,然后将多种外围电路制作成不同的母板。核心板具有多个型号,可根据任务类型和复杂程度选择不同的处理器,也可根据程序容量,外部Flash、FRAM、EEPROM等存储设备。可根据不同的控制器类型选择不同型号的母板与核心板的组合,以满足不同电气性能、不同控制需求的控制场景。

三、灌溉管理控制模块和软件设计

(1) 灌溉管理控制模块

课题组研发的灌溉管理控制模块用于控制水泵从水源取水,通过压力传感器监测管道压力,通过变频器等调速装置控制水泵的启停和转速,通过改变水泵的流量和扬程,为灌溉主管道提供所需的流量和压力并保持管道内水压力稳定。灌溉管理控制模块可通过墒情采集处理装置采集土壤墒情信息,通过控制灌区电磁阀的启闭管理不同灌区灌溉的水量,在灌区灌溉完成后关闭灌区,最后停止水泵。对于无墒情信息采集要求的实际项目,不安装墒情监测装置(图7.8)。

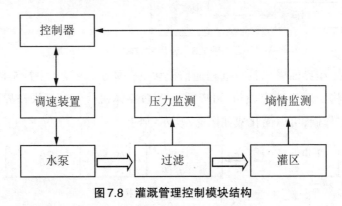

图7.8 灌溉管理控制模块结构

灌溉管理控制模块设计支持两种控制模式。

(1) 通信控制模式:灌溉管理控制器与主控制器通信,或直接与现场操作界面通信;此模式下可完成灌溉设备的启停控制、管道压力控制、灌区管理等多种功能。

(2) 数字输入控制模式:灌溉管理控制器检测输入端子电平,作为整个设备的启停控制,以及少量灌区的控制;此模式适用于简易现场手动控制场景,其灌溉压力为预设值,灌区管理数量有限,但操作直观,易于排除故障。

数字输入控制模式是最基础的控制模式,在出现通信故障时,数字输入模式依然可以正常工作,在交通不便时,设备难以快速维护的地区具有不可替代的优势。同时数字输入模式搭配简单的按钮、指示灯即可完成控制功能,特别适用于没有操作过自动化设备的用户,其学习成本低,同时降低了误操作的概率。

在通信控制模式下,对于灌区管理有如下三种控制方式:

(1)手动控制:手动启停设备,控制特定灌区灌溉。

(2)自动阈值控制:为灌区设定土壤含水量阈值区间,控制器按照阈值控制灌区与水泵的自动启停。

(3)可调阈值控制:为不同灌区提供上下限可调的阈值,根据作物类型和作物生长周期调节阈值以满足不同作物对土壤墒情的需求。

同时基于MODBUS继电器模块二次开发具有监测和控制功能的阀门控制器(图7.9),具有下述功能:

(1)控制指令转换:控制器可将不同控制方式,如有线、无线控制进行汇总;可将主阀门与次一级阀门进行关联,如所有次级阀门关闭后,主阀门会自动关闭。

(2)阀门控制:可以解析主控制器发出的控制指令,控制对应的阀门开启或关闭。

(3)阀门监测:可以监测阀门开启状态,进行错误处理和诊断。

（a）开关量继电器模组　　　　　（b）MODBUS继电器模组

图7.9　阀门控制器结构

阀门控制器将部分控制阀门与控制器分隔开,具有如下优势:

(1)隔离灌区,阀门控制器可以将灌区分成不同组,当某个阀门出现严重故障时,不会影响控制器运行。

（2）提高兼容性，对于灌区电磁阀种类多、负载复杂的项目，阀门控制器使用独立的开关量继电器模组，可以搭配不同工作电压的电磁阀，拓展了灌溉管理模块控制阀门的数量。

（3）降低控制器负载，阀门控制器解析主控制器指令，减少了主控器连接的灌区阀门数量，减轻了主控制器的负担。

（二）反冲洗过滤控制模块

节水灌溉灌水器如喷头、滴头等对水质要求较高，灌溉设备需要采用过滤器以降低灌水器堵塞的概率。反冲洗过滤器可实现不停机自动清洗。对于2通道反冲洗过滤器，在过滤工作状态下，进水经两个过滤单元过滤后进入出水管；在反冲洗工作状态下，其中一个过滤单元保持过滤状态，另一个过滤单元通过阀门改变水流方向，使过滤后的水从出水管反向进入过滤单元，冲洗过滤单元中的杂质排入排污管，冲洗完成后，阀门恢复原状态，未冲洗的过滤单元重复上述流程直至所有过滤单元反冲洗完成（图7.10）。

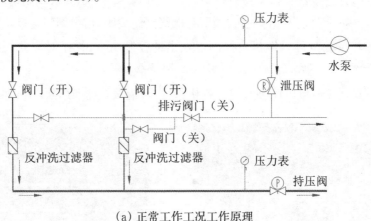

（a）正常工作工况工作原理

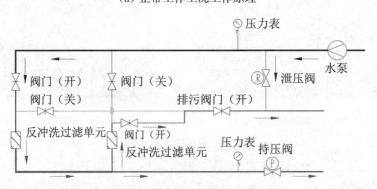

（b）反冲洗工作工况工作原理

图7.10　反冲洗过滤器工作原理

反冲洗过滤控制模块设计一般具有三种启动模式:

(1) 压差启动模式:控制器通过压差传感器或压力传感器采集过滤器进水管和出水管的压差值,达到预设值后启动反冲洗流程,适用于大多数工况。

(2) 定时启动模式:无论是否达到预设的压力差值,控制器按照预设时间,定时启动反冲洗流程,适用于水中杂质附着性强或传感器损坏的场合。

(3) 手动启动模式:手动启动反冲洗,多用于调试工况。

压差启动模式是反冲洗过滤器的基本工作模式,本研究设计的反冲洗过滤器管理模块同时支持压差传感器和压力传感器。压差传感器具有两个压力监测端口,其中一个接高压管,一个接低压管,压差传感器的输出是高压管与低压管的压力差。控制器通过压力差判断是否进行反冲洗工作。

反冲洗过滤器控制器具有两种控制模式:

(1) 通信控制模式:与主控制器通信,或直接与现场操作界面通信;此模式可灵活设置反冲洗过滤器的启动模式,根据压差调整冲洗间隔、冲洗顺序等多种参数以满足不同的场景。

(2) 数字输入控制模式:控制器检测输入端子电平,作为整个设备的启停控制,适用于简易控制场景。

课题组研发的智能灌溉机反冲洗过滤控制模块连接3组反冲洗过滤单元的6个电磁阀,连接两个压力传感器,电磁阀驱动管道均采用前置过滤器进行过滤。预设每单元冲洗时间为35秒,单元之间冲洗间隔为5秒,反冲洗间隔为每5小时冲洗一次。

(三) 施肥设备控制模块

施肥系统用于将特定浓度的可溶肥料,以特定速率注入灌溉管道;肥料与水充分均匀混合后,通过灌溉管道进入灌区,实现随水施肥。施肥设备控制器采集灌溉管道流量,通过调速装置控制施肥泵转速调节注肥量。课题组研发的施肥设备控制系统结构见图7.11。

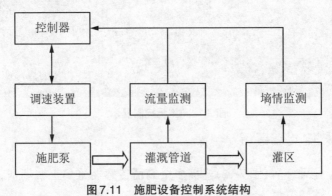

图7.11 施肥设备控制系统结构

课题组研发的施肥设备控制模块设计支持两种控制模式：

（1）通信控制模式：控制器与主控制器通信，或直接与现场操作界面通信，此模式下可完成施肥设备的启停、注肥量、注肥速率调节等多种功能。

（2）数字输入控制模式：控制器检测输入端子电压控制整个设备的启停和注肥速率，此模式适用于简易现场手动控制场景，用户调节旋钮即可直观地调节注肥速率。

通信控制模式下注肥管理支持四种控制模式：

（1）手动控制：手动启停设备，控制注肥量和注肥速率。

（2）自动阈值控制：为灌区设定土壤EC值阈值区间，控制器按照阈值控制水泵及施肥设备启停。

（3）可调阈值控制：为不同灌区提供上下限可调的阈值，根据作物类型调节阈值以满足不同作物对肥料的需求。

（4）多种肥料配比控制：采用多个施肥设备，可实现不同种类肥料的灵活配比，满足不同类型、不同生长周期作物对多种肥料配比的需求。

课题组研发的施肥设备控制模块连接3个施肥通道的电磁阀，每个施肥通道均设置有1组压力传感器、1个电导率传感器和1个流量传感器。控制模块预设为自动跟随启动，检测到主管压力正常时延时30秒启动施肥，直至肥料桶液位达到最低或达到预设施肥时间。控制模块不断监测传感器信息，在出现故障时自动记录日志，并在主界面中显示。施肥控制器显示如图7.12。

图7.12　施肥控制显示

（四）采集处理装置

墒情采集处理装置（图7.13）连接多个墒情传感器采集土壤墒情，将数据汇总后发送至主控制器。墒情信息包括温度、水分、EC值等。墒情采集处理装置采用通信方式与主控制器连接,既可以代替主控制器与传感器通信,降低主控制器处理负担,简化现场走线,也可以在通信网络中将传感器与主控制器分隔开,降低一个区域部分传感器的损坏导致主控制器损坏的概率。

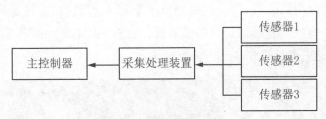

图7.13 墒情采集处理装置

墒情采集处理装置支持透明传输模式和采集处理模式两种工作模式:

(1)透明传输模式为默认工作模式。此模式下墒情采集处理装置仅转发主控制器和传感器的数据,在通信网络中处于透明状态。

(2)采集处理模式下墒情采集处理装置按照预先配置的数据处理模式,采集并处理所连接传感器的数据,并与主控制器通信。此模式将不同生产厂家、不同规格的传感器数据统一为标准报文格式,有利于简化主控制器设计,增强主控制器工作稳定性。

采集处理装置可以连接多种土壤传感器,图7.14是土壤温度与水分二合一传感器。

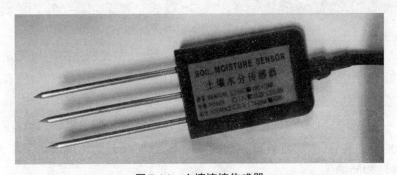

图7.14 土壤墒情传感器

课题组研发的土壤墒情采集装置通过远程方式连接主控制器,上述采集处理装置连接3个土壤墒情传感器,每隔5分钟采集一次土壤墒情信息。该土壤墒情采集装置预设采用透明传输模式。

（五）主控制器

主控制器是智能灌溉机控制系统的核心元件之一。主控制器按照如下路线进行研发(图7.15)：

(1) PLC控制器验证：第一代灌溉机采用PLC控制器，支持定时自动启停功能。智能灌溉机在此基础上进行功能验证，通过HMI搭配PLC控制器，完成如搅拌器控制、施肥通道计时等高级功能的验证。

图7.15　主控制器开发测试

(2)二次开发阶段：2019—2020年，采用专门设计的控制器协同PLC进行二次开发，控制器连接多种常见传感器，同时开发适用于控制器的控制算法，在控制器内实现原PLC的功能，逐步实现设备大部分环节自动化运行。

(3) 自主研发阶段：2020—2021年，完全自主研发控制器模块，针对项目研发墒情采集处理装置，在实现自动控制的基础上，满足项目对土壤墒情采集、智能控制、远程控制的需求。

主控制器(图7.16)由单片机、通信电路、输入电路、输出电路、时钟电路、复位电路、调试电路、状态指示电路、PCB、外壳等组成，具体功能如下：

(a) 单片机：采用ST公司STM32F103C8T6、WCH公司CH32F103C8T6、兆易创新公司GD32VF103C8T6等芯片。上述芯片引脚定义相同，其中兆易创新公司和WCH公司的单片机采用开源的RISC-V架构指令集，完全为自主知识产权。上述芯片具有性能优越、功耗低等优势，其中GD32VF103C8T6单片机工作频率达 108 MHz。

(b) 通信电路:设计了两组采用支持 RS-485 协议的 SP485 芯片,关键芯片均为久经市场考验的芯片,已被众多项目验证其工作性能稳定、可靠。

(c) 输入电路:输入电路采用自恢复保险丝和光耦电路制作,在电器上完全隔离,且具有 600 V 的浪涌电压防护能力。

(d) 输出电路:输出电路采用常开继电器提供干接点接口,干接点接口完全电器隔离,使用范围广。

(e) 时钟电路:时钟电路采用 8 MHz 的高速无源晶振和 32.768 kHz 的低速晶振,分别为主控制器提供工作参考频率和 RTC 实时时钟的频率。

(f) 复位电路:复位电路采用按钮开关设计,便于更换。

(g) 调试电路:GD32VF103C8T6 调试电路采用通用的 Jtag 调试接口,STM32F103C8T6 调试电路采用 SWD 调试接口,CH32F103C8T6 调试接口采用 WCH 自研的 2 线调试接口。

(h) 状态指示电路:闪烁的 LED 可以指示电路的工作状态,闪烁方式可以指示最常见的工作状态。

(i) PCB 采用 KiCAD、FreeCAD 等开源软件设计,实现设计工具自主可控。

(j) 外壳采用 ABS 工程塑料,具有较好的耐燃性,结构坚固,同时采用通风口,散热能力好。

主控制器是灌溉控制系统的核心,协同各模块完成对节水灌溉首部枢纽设备系统的复杂控制动作,保障节水灌溉设备稳定、高效运行。主控制器与各模块基于 RISC-V 开源指令集的国产 CH32V103 系列微控制器芯片研发。控制系统在开发时充分利用该型微控制器,其 USART 接口与操作界面、墒情采集处理装置、远程传输模块及各被控模块通信,IIC 接口、SPI 接口用于连接屏幕、远程传输模块等高速模块。

主控制器测试采用 RK3399 处理器开发板并连接 10 寸触摸屏,安装 Linux 操作系统,服务系统基于 Node.js 开发,界面采用 electron。触摸屏开发板与自研控制器通过 USB 转 4 串口开发板连接,并同时连接传感器。

课题组研发的控制器满足现有项目改造升级、新建项目、新旧项目组合运行等多种工况,满足农业节水灌溉对智能灌溉设备的需求。

图7.16　主控制器

（六）软件设计

课题组研发的控制器全部采用自研软件,自研软件尽量采用自主可控或开源软件设计工具完成设计,具有自主知识产权。本课题组开发主控制器、灌溉管理模块、土壤墒情采集处理装置、施肥设备管理模块及自动反冲洗过滤器管理模块专用软件,同时复用上述代码在PC上搭建测试与监控平台。监控平台缩短了设备测试全流程时间,便于后期设备维护与故障再现。

四、设计及设计工具

（一）通信协议设计

课题组研发的主控制器、各管理模块、测控平台等通信协议采用工业控制标准,以最大化兼容工业设备。主要为:

（1）采用标准MODBUS协议。MODBUS协议广泛使用在工业仪器、仪表等设备之间的通信,具有通信距离长、抗干扰性强的特点。

（2）采用RS-485/422总线、RS-232串口等连接各单元。RS-232串口、RSRS-485/422总线广泛应用于工业设备之间的通信。

（3）兼容PLC控制协议,本研究兼容台达DVP系列PLC部分功能,可直接与HMI人机界面通信完成控制。

课题组对通信协议进行简化,实现了MODBUS协议中常见功能,采用RS-485总线,部分兼容DVP系列控制协议中常见控制功能。

（二）设计工具

本研究尽可能采用开源软件或自主可控的设备完成设计过程,本设计采用的部分工具如表7.1所示。

表7.1 设计工具表

类　　别	名　　称
操作系统	Windows 10、Ubuntu 20.04 LTS
PCB设计软件	KiCAD
绘图软件	Gimp
办公软件	WPS Office
3D平台	FreeCAD、Blender
编程平台	Qt5.15、Visual Studio Code、GCC、Python
烧录平台	Nuclei Studio、MounRiver Studio
测试平台	Linux Lab

（三）功能模块设计

产品设计初期采用裸机编程,满足大部分功能后,分析芯片的Flash和RAM占用,综合考虑芯片成本、运行速度、容量等因素,决定是否采用实时操作系统重写代码。课题组开发的控制器软件由如下部分组成:

（1）主函数:初始化串口、定时器、IIC、SPI等外设;从内部Flash读取参数;在主循环中执行服务函数。

（2）串口服务函数:函数由两部分组成,串口中断服务函数接收串口数据并储存至缓冲区,串口服务函数从缓存区读取数据,解析数据中的地址和指令,并调用其他服务函数完成对应的功能。

（3）定时器服务函数:函数由两部分组成,函数的定时器中断服务函数处理定时器中断,并产生10微秒、1毫秒、100毫秒等多种标准时间间隔,用于LED指示灯闪烁,报文定时发送、报文超时处理等功能;定时器服务函数则对标记变量进行处理,协助完成定时等任务。

（4）通信协议为MODBUS协议,支持RTU和ASCII两种报文格式,转换函数void RTU_to_ASCII (uint8_tRTU_buffer[], uint8_tRTU_Counter) 及 void ASCII_to_RTU(uint8_t ASCII_buffer[], uint8_t Rx_counter)用于转换两种报文。

（5）校验函数同时支持CRC16校验和LRC校验,CRC校验函数为uint16_t crc16(uint8_t *puchMsg, uint32_t usDataLen),采用查表法进行计算;LRC校验函数为uint8_t LRC(uint8_t LRC_buffer[], uint8_t Counter),利用uint8_t的溢出自动

截断来简化计算,即(uint8_t)(256 - (sum%256))。

(6) MODBUS报文服务函数:解析来自串口的报文;将控制器内部信息汇编成报文,由发送函数发送。

(7) 参数读写函数:不同的控制器需要保存多种参数配置信息和用户数据,传统的写入方式在任意一个参数发生改变时,会选择立即写入参数到Flash避免因断电造成参数丢失。在用户参数或用户数据增量较大时,会大幅度缩减内置Flash的写入寿命。通过复用CRC函数,对要写入的参数进行分组,在用户完成所有设置后,退出设置菜单时,调用CRC函数对参数进行校验,只写入校验和发生改变的Flash块,以最大程度降低Flash写入。

(8) 功能函数:不同控制器的专有函数,由MODBUS报文服务函数调用,完成不同控制器的控制指令、流程等。

(9) 看门狗函数:调用系统的看门狗,在系统出现故障或系统工作不稳定时,此函数重启控制器使其恢复正常工作状态。

课题组研发的控制器、各控制模块均采用模块化设计,控制模块代码大量复用,仅功能函数根据控制任务不同重新进行编写。

五、控制器和人机交互流程

(一) 控制器工作流程

课题组研发的控制器、各控制模块具有相似的工作流程,主要为:

(1) 系统上电后,进行端口、定时器、串口等外设的初始化设定,设置相应寄存器参数,从Flash或外部Flash读取用户数据,初始化变量。

(2) 程序进入主循环,主循环内定时扫描主程序,运行各服务函数,此时看门狗运行监控自身运行状态。

(3) 内部定时器初始化完成后,根据设置的时间节点启动服务函数,服务函数完成具体功能。

(4) 串口接收到数据,存入缓存区,串口服务函数分析串口数据,剔除无效数据,交由功能函数执行指令。

(5) 功能函数完成后,回到主循环,等待执行下一个功能函数。

(二) 人机交互界面

课题组研发的控制界面由现场操作界面和网络操作界面(网页云端、手机

APP端)组成(图7.17)。

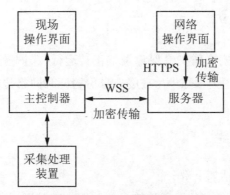

图7.17 人机交互界面结构

现场操作界面与网络操作界面统一采用HTML5、JS代码实现;既可以便捷地实现现场端、云端、手机APP端三端同步,三端采用统一代码设计、统一界面外观、统一操作方式,同时还可以采用TLS加密与服务器的通信,采用HTTPS和WSS协议实现安全的多界面同步显示与控制。

课题组研发的人机交互界面(图7.18)由"主页""配置""日志"和"关于"4个一级界面组成,在主页界面包括"管理""监测"和"用户"3个标签页。"管理"界面用于控制具体功能模块;"监测"界面用于显示土壤墒情等重要传感器信息、各被控部件工作状态等信息;"用户"界面用于管理用户,设置敏感设备的控制权限。

(a)网页端   (b)手机端

图7.18 人机交互界面

六、安全防护

智能灌溉机组的安全防护是保障设备正常运行,保护操作人员安全的重要一环,本书从设备防护、程序安全防护、用户身份验证和网络传输安全防护进行了针对性的设计。

(一)设备防护

设备防护主要包括如下部分:

(1)设备防盗:设备内的远程传输通信装置带有基于运营商网络的定位系统,设备上电时自动监控设备位置,向服务器报告设备位置,并不断与数据库中储存的位置进行比对,降低设备丢失的风险。

(2)减少对人造成的伤害:设备外围的外壳外形采用圆滑处理同时减少毛刺,减少人员受伤的概率,尽可能保护操作人员不受设备外壳的刮擦伤害。

(3)设备防倾覆:设备安装时对安装支架和底座进行固定,尽可能防止设备倾覆、倾倒。

(4)设备防跌落:采用支架安装外部设备,减少设备跌落对操作人员造成伤害的概率。

(二)程序安全防护

设备中运行的程序由笔者课题组研发,对设备内程序的安全防护如下:

(1)外壳防拆:对设备外壳进行处理,增加拆开外壳复制程序的难度。

(2)电磁屏蔽:外壳采用全金属电磁屏蔽材料,减少电磁波辐射外泄。

(3)加密硬件:采用加密功能的硬件,如加密 EMMC 存储等。

(4)封闭源代码:软件编写完成之后,不对外开放源代码;同时对核心代码进行加密处理,降低核心代码泄漏的概率。

(5)软件加密狗(可选):采用软件加密狗加密软件,防止恶性拷贝。

(6)服务在线解密:通过云服务器解密需要用到网络的功能,只有完成用户登录认证后才能使用相应功能模块,尽可能防止软件被盗用。

(三)用户身份认证

为提高用户登录时的安全性,本项目对用户认证进行额外的保护,具体如下:

(1)本地验证:现场控制设备需要验证用户的密码才能使用。

（2）在线验证：在线服务需要进行在线验证，通过比对设备信息等，完成多重身份验证。

（四）网络传输安全防护

在服务器、网络操作界面与网络传输模块之间，本项目采用SSL加密传输控制信息，保证控制信息在网络中传输安全。

当服务器采用云服务器时，采用运营商提供的高性能防火墙提供网络安全防护。当服务器采用本地服务器时，服务器采用白名单方式添加被控制的远程设备，服务器只与特定远程设备进行连接，进一步增强安全性。

第三节　土壤墒情信息采集处理控制装置

土壤墒情监测作为智能灌溉集成装备的重要组成部分，对于智能灌溉集成装备更好地实施灌溉施肥具有重要的作用。课题组研发的土壤墒情信息采集处理控制装置基于土壤墒情设备及原理的基础上研制，此装置包括PCB、微控制器、隔离装置、电源电路、接线端子、指示灯、外围电路、外壳等。

土壤墒情信息采集处理控制装置可以将不同类型的设备进行分组，主设备采用该装置对从设备进行查询，从设备将查询的结果统一汇总发送给主设备。该装置具有多种工作模式，应用范围广，主控制的稳定性高，主控制的成本低，主控制器损坏的概率低，简化采集数据的结构，可简化控制器设计，具有拓展模式，可连接超出协议数量的传感器；能应用在智能灌溉系统、土壤墒情领域，具有广泛的应用前景。

一、研究背景

在农业领域，智能灌溉系统需要安装大量不同种类的传感器、执行装置、控制器等。

农业灌溉系统的精准控制需要大量的传感器采集控制信息。为方便描述，下文中主设备为主设备，连接在主设备上的传感器、执行装置、控制器等为从设备。

传感器的布置通常采用直连、星形、环形、总线形、树形、网形6种。各连接方式优缺点如表7.2所示.

表7.2　传感器不同连接方式的优缺点表

连接方式	优　　点	缺　　点
直连	实时性高;连接稳定	每端口仅能连接一个从设备,设备利用率低、成本高
星形	成本低;端口利用率高	线路利用率低
环形	成本低;结构简单	传输效率低;可靠性差
总线形	成本低;线缆利用率高;布线简单	实时性不强
树形	实用性广;线路利用率高	结构复杂;成本高
网形	可靠性高;稳定性强	结构复杂;成本高

农业中常采用基于RS-485总线的MODBUS协议来连接各种传感器。MODBUS协议中仅能有一个主设备,但可具有最多127个从设备。

RS-485半双工模式是常用的采集和控制方案,此方案仅需两根通信线,大幅度节约了连线数量。但RS-485的半双工模式决定了主控制器需要采用轮流查询的方式(轮询)来获取这些节点的数据。在某一个从设备应答之前,或者经过一段超时时间之后认为设备故障,主设备才能发送下一条查询指令。如果超时时间为100 ms,查询127台设备的信息至少需要12.7 s。

采用主控制器直接连接传感器具有如下弊端:

(1) 主设备查询如此多的从设备需要占用大量CPU时间和中断,主设备通信负载高,通信线路利用效率低,也不利于主设备系统的稳定性。

(2) 主控制连接的传感器数量持续增加后,只能采用增加主设备的方式来连接更多设备,布设成本高。

(3) 任何一个从设备遭遇浪涌或雷击事故,都有可能导致主设备连带受损,甚至是所有设备的损坏。

二、装置组成

课题组研发的土壤墒情信息采集处理控制装置可支持上述全部6种连接方式,可以连接大量设备,并将不同类型的设备进行隔离、分组。

传统控制器连接多个传感器时,通常采用直连方式,即将传感器与控制器直接相连,笔者课题组研发土壤墒情采集处理装置,将传感器连接至土壤墒情采集处理装置后,再将土壤墒情采集处理装置连接至控制器,如图7.19所示。

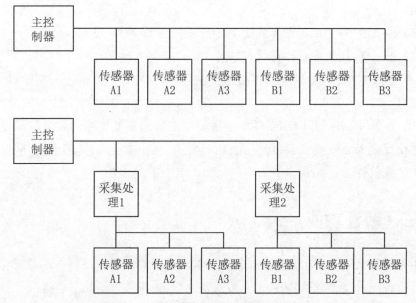

图7.19 土壤墒情采集处理装置连接示意图

课题组开发的土壤墒情采集处理装置由PCB、微控制器、隔离装置、电源电路、接线端子、指示灯、外围电路、外壳等组成,装置结构示意图如图7.20所示。

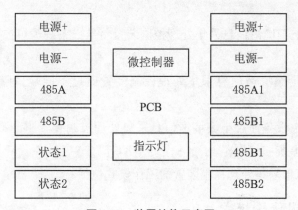

图7.20 装置结构示意图

各组成部分功能如下:

(1) PCB:用来装配、安装各电子元件与模块。

(2) 微控制器:用来接收来自各个端口的数据;向端口发送数据,将接收的数据进行处理、存储;根据接收、存储的数据,改变自身工作方式,进而改变数据处理的方式;控制指示灯,控制电源电路。

(3) 隔离装置:用来隔离各个端口,提供任意端口之间的隔离、保护功能。

(4) 电源电路:用来接收微控制器的控制命令,对特定端口或特定元件进行电源驱动。

(5) 接线端子:用来提供界线功能,用于连接主设备、从设备。

(6) 指示灯:用来显示工作状态信息。

(7) 外围电路:用来与PCB连接微控制器、电源电路、接线端子、指示灯,构成完整回路。

(8) 外壳:用来承载内部元件。土壤墒情信息采集处理控制装置与从设备之间的连接模式为直连模式、星形模式、环形模式、总线形模式、树形模式、网形模式中的一种或数种。

三、装置功能

主控制器采用土壤墒情信息采集处理控制装置对从设备进行查询、控制操作,从设备将查询、控制的结果统一汇总发送给主设备;具体包括如下功能:

(1) 采集:土壤墒情信息采集处理控制装置将从设备视为传感器,采集来自从设备的数据。

(2) 处理:土壤墒情信息采集处理控制装置将来自从设备和主设备的信息进行处理。

(3) 控制:土壤墒情信息采集处理控制装置将从设备视为可控设备,将控制指令发送给从设备。

(4) 隔离:土壤墒情信息采集处理控制装置通过不同端口隔离主设备和从设备。

(5) 驱动:主设备通过土壤墒情信息采集处理控制装置驱动不同电气特性的从设备,在控制上统一接口。

土壤墒情信息采集处理控制装置的工作模式包括:

(一) 透明传输模式

土壤墒情信息采集处理控制装置仅转发主设备和传感器的数据,在网络中处于透明状态,主设备和传感器感知不到信息采集处理控制装置。

(二) 采集处理模式

土壤墒情信息采集处理控制装置按照预先配置的数据处理模式,采集并处理所连接设备的数据,并与主设备通信;具体为:

(1) 转发模式:土壤墒情信息采集处理控制装置不做任何处理,将接收的内容立即转发出去。

（2）汇总模式：土壤墒情信息采集处理控制装置轮流查询所有已连接设备的信息，将汇总后的信息存储起来，在主设备查询后一次性发送。

（3）算法处理模式：将同组传感器采集到的值，按照指定算法，将传感器采集到的值处理后发给主设备。

（三）处理控制模式

土壤墒情信息采集处理控制装置将所连接设备视为接受控制的设备，不再采集信息，而是向所连接设备发送控制信息；具体为：

（1）转发模式：转发主设备控制信息，不做任何处理。

（2）拆分模式：将主设备的控制信息，拆分成单条，分别发送至对应的从设备。

（3）算法处理模式：按照指定算法，将主设备的控制信息，进行处理之后，发送至相应的从设备。

（4）复合工作模式：土壤墒情信息采集处理控制装置将所连接设备部分视为透明传输部分、部分视为采集处理模式、部分视为处理控制模式，并可实现透明传输模式、采集处理模式、处理控制模式两两组合，或透明传输模式、采集处理模式、处理控制模式全部三种模式。

（四）参数配置模式

主设备或现场操作人员，发送特定数据段对土壤墒情信息采集处理控制装置进行配置；具体为：

（1）离线设置模式：将土壤墒情信息采集处理控制装置从系统中断开，在专用的设备上进行配置。

（2）在线设置模式：将土壤墒情信息采集处理控制装置正常连接在系统中，主设备通过特殊指令在线对土壤墒情信息采集处理控制装置进行配置。

（五）备份工作模式

多个土壤墒情信息采集处理控制装置共同使用，分为主要装置和备份装置，工作模式有：

（1）多机热备份模式：同时使用多个土壤墒情信息采集处理控制装置，连接到同一个网络中，当一台设备故障后，其他设备自动进行替换；主要装置和备份装置没有在主设备中预先设定，主设备认为系统中仅存在一个土壤墒情信息采集处理控制装置。

（2）多机冷备份模式：同时使用多个土壤墒情信息采集处理控制装置，连接到同一个网络中，当一台设备故障后，由主设备发送控制信息唤醒备用的土壤墒情信息采集处理控制装置。

（3）多机在线备份模式：同时使用多个土壤墒情信息采集处理控制装置，连接到同一个网络中，主设备分别向多个土壤墒情信息采集处理控制装置查询相同的信息，只要有一个土壤墒情信息采集处理控制装置可以正常工作，主设备就可以获取对应的信息。

土壤墒情信息采集处理控制装置的数据帧处理的模式有：

（1）单站码模式：适用于从设备单一，报文格式相同的情形。

（2）多站码模式：土壤墒情信息采集处理控制装置连接的传感器种类不相同时，为不同类型的传感器设置不同的站码，在仅使用一个装置情况下，主设备通过站码区分不同类型的传感器。主设备连接485A、485B，一组传感器连接485A1、485B1，另一组传感器连接485A2、485B2。同时主设备可通过多个土壤墒情信息采集处理控制装置，连接127个以上的从设备。当主设备发送查询指令时，土壤墒情信息采集处理控制装置将主设备指令不加处理地分别发送到两组传感器；当传感器反馈主设备指令时，土壤墒情信息采集处理控制装置将传感器指令不加处理地发送给主设备；主设备和两组传感器感知不到装置的存在。主设备连接土壤墒情信息采集处理控制装置，土壤墒情信息采集处理控制装置采用交换机连接传感器。

四、装置特点及优势

土壤墒情信息采集处理装置可以将不同类型的设备进行分组，主设备采用装置对从设备进行查询，从设备将查询的结果统一汇总发送给主设备。装置具有如下特点及优势：

（一）隔离功能

将不同种类的传感器分隔开为不同的区域，简化了主控制器设计，增加了主控制的稳定性，降低了主控制的成本；同时将传感器与主控制器分隔开，降低了一个区域部分传感器的损坏导致主控制器损坏的概率。

（二）处理功能

土壤墒情信息采集处理装置支持投票模式、平均模式等多种采集处理方式，可替代控制器完成采集功能,同时对采集的数据进行预处理,简化采集数据的结构,有利于简化控制器设计。

(三) 高兼容性

土壤墒情信息采集处理装置具有多种类型的接口,支持数字信号和模拟信号,可连接多种类型的传感器,同时支持拓展模式,可连接超出协议数量的传感器,同时支持多种主控制器,可以根据主控器调整数据格式,提高对传感器和控制器的兼容性,如可以为仅支持数字量信号的控制器采集模拟传感器的数据。

第四节　灌溉测控系统研发

一、研究背景

灌溉作物时灌水器流量应保持在一定范围内,而灌水器流量与灌水器工作压力有关,因此灌水器工作时需要稳定的水压力。管道水压力调节可通过调节阀门开度改变管道阻力特性实现水泵工况点的调控,或通过调节水泵直接改变泵工况点,因改变管道阻力特性耗能大、调节效果差,现常用变频恒压供水方式调节水压力。

变频调速恒压供水方式通过变频器调节水泵电动机转速来调节水泵工况点,现有变频恒压供水控制系统实现采用下述两种方式:

(1) 采用变频器直接读取压力传感器信息,采用变频器内置的PID算法控制水泵转速,进而调节水压力。此类变频器内置PID调节参数多,调节难度大,同时仅能采用模拟信号的传感器。此类控制方式缺少水压保护与故障预警功能,当传感器出现读数偏小或压力为零的故障时,PID算法会将水泵转速提高至最大转速,无法实现调速。

(2) 采用恒压供水控制器进行控制,恒压供水控制器通常具有缺水保护和传感器故障保护功能,此类控制器部分高端型号支持多种信号输出的水压力传感器,但其支持的传感器类型较少,同时控制算法对灌溉工况缺乏深度优化,如对多泵并联切换启停时压力波动较大,在反冲洗过滤器工作时压力波动较大,以及在多控制器同时使用时水压同步控制存在干涉,导致水压波动较大。

二、系统结构

本研究提出一种灌溉测控系统,系统结构分为灌溉测控网络平台、多泵供水测控系统、灌溉管道压力控制器三部分(图7.21),系统可采集多种运行参数实时监测水泵运行状态,根据不同管道特性控制多个灌溉管道压力控制器,通过优化控制方法和算法调节水泵启停策略,以调节管道压力,减少管道压力波动。系统提供一键启停功能简化用户操作,并为高级用户提供编程功能,满足用户在不同使用条件下的需求。

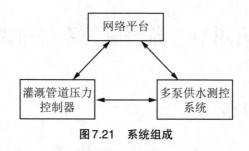

图7.21　系统组成

(一)灌溉测控网络平台

灌溉测控网络平台由连接公网的服务器、服务端平台软件、网络安全设备组成。服务端平台软件运行于服务器中,远程传输单元通过互联网与服务器连接,其网络流量由网络安全设备监控。服务端平台软件是灌溉测控网络平台的核心。具有远程传输单元的多泵供水测控系统、灌溉管道压力控制器,采用蜂窝网络、Wi-Fi、有线连接的一种或组合方式连接互联网,进而连接灌溉测控网络平台。用户可通过网络平台上载控制参数、下载监控信息数据。

(二)灌溉管道压力控制器

本课题组研发专用灌溉管道压力控制器,该控制器相较于传统压力控制器支持更多传感器类型,且为农业灌溉进行优化,在灌区管理和反冲洗时能够保证压力稳定。

1. 结构组成

灌溉管道压力控制器主要组成部件(图7.22)如下:

(a) 控制器,控制各单元工作。

(b) 数字输入,接收外部的数字信号输入。

（c）模拟输入，接收外部的模拟信号输入。

（d）水压力传感器，安装在管道上，将检测到的实时水压力数据传送给控制器。

（e）水位传感器，安装在水桶、水箱、水池、水井等蓄水设施内，为控制器提供水位状态信息。

（f）数字输出，以数字信号形式输出。

（g）模拟输出，以模拟信号形式输出。

（h）远程传输单元，通过无线方式连接，使控制器可与上一级控制器进行通信。

（i）串行通信端口，通过串行总线方式连接，使控制器可与上一级控制器进行通信，也可使控制器可与下一级控制器、传感器、变频器进行通信；多个变频器在控制器的控制下驱动水泵电动机工作。

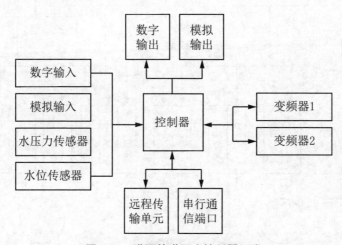

图7.22 灌溉管道压力控制器组成

2. 功能设计

灌溉管道压力控制器是灌溉测控系统的重要组成部分，除上述传感器外，灌溉控制器支持模拟与数字输入输出单元。

数字输入可为端子输入，可为有源输入与无源输入，有源输入可为数字脉冲输入；数字输入可为水位开关、水压开关、流量计量等传感器的信号输入，可接入上一级控制设备、本级控制设备、下一级控制设备的状态输出端子、故障输出端子，监测其他设备运行状态。

模拟输入可为端子输入，可为电压信号输入，可为电流信号输入；模拟输入可为前述传感器的信号输入，可接入上一级控制设备、本级控制设备、下一级控制设备的状态输出端子,监测其他设备运行状态。

数字输出可为端子输出、有源输出与无源输出,有源输出可为数字脉冲输出、PWM输出;数字输出可为变频器、控制器提供控制信息,可接入上一级控制设备、本级控制设备、下一级控制设备,由此类设备监测控制器运行状态。

模拟输出可为端子输出、电压信号输出、电流信号输出;模拟输出可接入上一级控制设备、本级控制设备、下一级控制,由此类设备监测控制器运行状态。

变频器用于控制水泵,变频器具有整流模块、滤波模块、逆变模块、制动单元、驱动单元、检测单元、处理单元。变频器根据水泵电机实际工况通过调整电压、电流、频率改变其转速,进而调节水泵的流量与水压力。控制器与变频器通信,控制变频器工作状态,调节水泵工作状态。

灌溉管道压力控制器控制变频器示意图如图7.23所示。

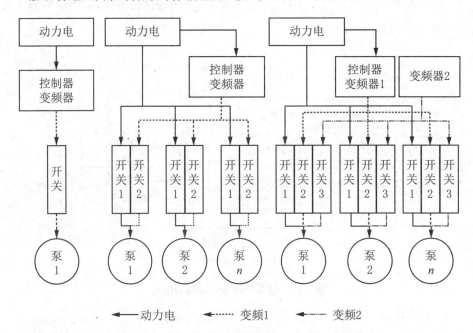

图7.23 灌溉管道压力控制器控制变频器示意图

控制器可通过多个(两个及以上)数字输出控制固态继电器、接触器,进而控制多台水泵启停。对于灌溉特性较为稳定的园林灌区、喷泉、小型灌区,可通过水泵启停台数,进行多级水压力控制。

控制器可连接压力开关。控制器连接单个压力开关时,若控制器控制单台水泵启停,当控制器启动水泵运行一段时间,检测到压力开关状态与预设状态不相符时,可记录为故障,并显示故障代码供用户分析;若控制器控制多台水泵启停,当控制器启动全部水泵运行一段时间,检测到压力开关状态与预设状态不相符时,可记录为故障,并显示故障代码供用户分析。控制器连接多个压力开关时,可将压力开关设定为一定范围,若控制器控制单台水泵启停,当控制器启动水泵运行一段时间,检测到预设压力状态与设定的压力开关范围不相符时,可记录为故障,并显示故障代码供用户分析;若控制器控制多台水泵启停,当控制器启动全部水泵运行一段时间,检测到压力开关状态与预设状态不相符时,可记录为故障,并显示故障代码供用户分析;控制器可控制多台水泵启停,使得管道压力在压力开关范围内。

3. 算法与工作流程

灌溉管道压力控制器能够控制多台水泵为灌溉管道供水,并通过控制水泵转速调节管道压力,根据水泵类型调节控制模式,实时监测水泵运行状态。控制器支持上述传感器输入,支持三个同类型传感器,可采集水压力、水位状态信息。控制器直接控制水泵或通过控制一台或多台变频器控制水泵。控制器可对输入与输出端子独立编程,输出端子可输出数字信号,也可输出模拟信号,模拟信号可根据转换模块进行电压、电流的转换。控制器可与远程传输单元连接,可通过无线方式连接上一级控制器;控制器可通过串行总线连接上一级控制器、传感器、变频器。

本研究开发灌溉管道压力控制器控制方法,管道压力控制器通过采集管道压力并控制水泵启停数量、水泵运行转速来调节管道压力;控制器可独立完成对被控设备的控制,也可与上一级控制器、控制主机、上位机等通过远程传输单元通过无线方式连接,也可通过串行总线连接,也可通过端子连接,也可通过前述无线方式、串行总线、端子连接的组合方式连接;控制器连接水压力传感器、水位传感器;控制器具有数字输入、模拟输入端子,具有模拟输出、数字输出端子,控制器与传感器、变频器通过远程传输单元通过无线方式连接,也可通过串行总线连接,也可通过端子连接,也可通过前述无线方式、串行总线、端子连接的组合方式连接,控制器通过前述传感器采集被控设备、单元、模组的工作状态信息;远程传输单元采用蜂窝网络、无线连接、有线连接的一种或组合方式连接互联网,蜂窝网络具有高可靠性。灌溉管道压力控制器流程如图7.24所示。

控制器可控制水泵直接启动,通过水泵数量调节管道工作压力;控制器可通过一台变频器控制一台水泵,可通过一台变频器控制多台水泵,可通过多台变频器控制多台水泵;控制器可对输入与输出端子进行独立编程,支持常规设备控制模式,如反冲洗过滤装置的启停状态、施肥设备的启停状态、水位开关、压力开关、变频设备启停状态、水泵启停状态。控制器对安装反冲洗过滤器的灌溉管道进行优化,可通过数字通信端子连接反冲洗过滤器控制器,在反冲洗启动和停止时,为管道补偿因反冲洗动作产生的水压波动;控制器端子接入施肥设备启停信号,施肥设备启动时同步启动灌溉,施肥设备停止后,维持灌溉一段时间以冲洗管道;控制器端子接入水位开关、水压开关,检测到缺水状态时,自动停止灌溉防止水泵空转;控制器端子接入变频设备,监测水泵启停状态。控制器通过多台变频器控制多台水泵时,会根据变频器检测到的水泵工作状态,调整不同变频器的输出特性,在稳定管道压力的同时使水泵尽可能工作在高效区。

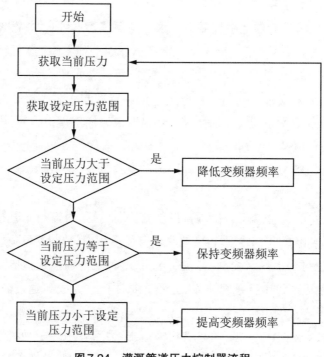

图 7.24　灌溉管道压力控制器流程

(三) 多泵供水测控系统

笔者课题组开发供水测控系统控制主机,监控灌溉管道压力控制器工作状态,综合监测灌溉系统设备状态,适时调整控制策略,减少管道压力波动,及时发现异常信息。供水测控系统组成如图7.25所示。包括:

(1) 控制主机:控制各单元工作。

(2) 水压力传感器:安装在管道上,将检测到的实时水压力信息传送给控制主机,包括真空压力传感器和水压力开关。

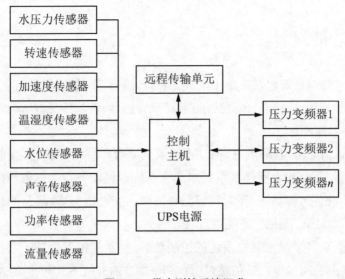

图7.25　供水测控系统组成

（3）转速传感器：监测水泵电机运转速度，为控制主机提供电机运转速度状态信息。

（4）加速度传感器：安装在对振动、位移敏感的管道转折处、泵体、过滤器过滤单元等，为控制主机提供前述单元的状态信息。

（5）温湿度传感器：包括温度传感器与湿度传感器，可检测空气温湿度、水温、设备温度等，为控制主机提供前述单元的温度、湿度状态信息。

（6）水位传感器：安装在水桶、水箱、水池、水井等蓄水设施内，为控制主机提供水位状态信息。

（7）声音传感器：安装在对振动、噪声敏感的位置，如水泵、电源、地板等位置，为控制主机提供设备运转状态信息。

（8）功率传感器：采集重点设备的功率信息，为控制主机提供设备运转状态信息。

（9）流量传感器：安装在管道上，为控制主机提供管道流量信息。

（10）远程传输单元：通过无线方式连接，使控制器可与下一级控制器、传感器等进行通信。

（11）UPS电源：为控制主机、传感器、远程传输单元提供电源，在停电时可维持供电一段时间。

（12）压力控制器：为前述灌溉管道压力控制器。

系统采集多种运行参数，监控前述灌溉管道压力控制器工作状态，整合监测反冲洗过滤器等设备，协调多个控制器控制灌溉管道压力，减少管道压力波动。

三、功能设计

多泵供水测控系统包括控制主机、水压力传感器、转速传感器、加速度传感器、温湿度传感器、水位传感器、声音传感器、功率传感器、流量传感器、远程传输单元、压力控制器和UPS电源。

控制主机由UPS电源供电,控制主机采集来自传感器的信息,控制一个或多个压力控制器工作,使得前述多泵供水测控系统根据任务特性调整最适宜的工作状态,并监控设备运行状态,及时预警潜在故障,达到节能、降噪,从而使运行环境舒适、运行成本最低,满足用户使用需求。

控制主机是多泵供水测控系统的控制核心,控制主机可为基于微控制器的控制设备,控制主机通过串行通信端口、数字IO端口的有线方式与传感器连接,与压力控制器连接,与远程传输单元连接,连接方式为前述一种或多种。

水压力传感器可为硅应变膜片式压力传感器,可为远传压力表,可为压力开关;远传压力表受稳定变化影响较小,同时造价低适用于对成本敏感的场合,采用电压信号输出;压力传感器对温度敏感需要补偿电路,造价高,耐震性能好,信号转换灵活,可采用电流信号、电压信号、数字信号输出,适用于集成化安装;水压力传感器安装在管道上,将检测到的实时水压力信息传送给控制主机;真空压力传感器用于测量真空度,安装在水泵进水管,可以测量水泵进水管水流是否充满水管;水压力开关为开关量型传感器,当压力达到设定值时,压力开关被水压力推动内部的机械触点,其结构简单,工作特性稳定,耐候性好,造价很低。

转速传感器可为机械编码式码表、光电码表、磁码表;光电码表机械部件少、结构简单,光信号稳定性高,不易受到外部电磁场干扰,其信号输出方式为数字脉冲式输出或通信输出,脉冲式输出无法确定旋转部件的绝对位置,通信输出的可以确定旋转部件绝对位置;转速传感器安装在水泵电机中,监测水泵电机运转速度,当水泵吸入杂物导致水泵速度快速降低甚至卡死电机时,传感器监测泵转速变化,泵转速可提供大量诊断信息,包括水泵启动的加速状态、水泵停机的减速状态、水泵正常工作的转速变化、水泵转速变化与管道压力变化。控制主机根据电机运转速度状态信息分析泵运转状态,及时控制水泵停机,并显示具体故障码。

加速度传感器可为三轴加速度传感器,传感器采用通信输出,可根据需求调整输出信息类别与格式,传感器安装在对振动、位移敏感的管道转折处、泵体、阀门、过滤器过滤单元处。管道弯折处水流方向改变,引起管道振动,当水流流速达到特定值时,可能会与管道产生共振;泵体运转时会产生周期性振动,振动频率与泵运转速度、水流流速、管道内杂质分布因素有关,泵体在设计时已经尽可能使调整共振不发生在转速区间内,但依然会因管道等外部因素引发共振;过滤器安装在管道中,其内部水流流态受过滤器内杂质数量与分布等影响,可能会出现共振;阀门在开启或关闭时,会因开度与过流状态等因素引发共振;上述敏感设备会因过流流量、水流流态等处于一段时间的不稳定区间内,加速度传感器可监测上述设备处于不稳定区间时的振动变化,控制主机根据前述振动变化,调整管道压力与流量,减少不稳定流量等导致共振出现的概率。在不进行灌溉时,加速度传感器可持续监测振动信息,当发现与设备运行不相符的振动时会进行记录,可供后续分析管道空载下受外部影响时使用。

温湿度传感器可为独立的温度传感器与湿度传感器,也可为封装在一起的集成式传感器,传感器可检测空气温湿度、水温、设备温度,可采用电压信号输出、电流信号输出、通信输出;空气温湿度受天气环境、设备运行状态影响,测控系统重要部位会安装传感器,包括控制主机内部同样安装温湿度传感器,当空气中湿度超出设备工作的正常范围时,控制主机会停止设备运行,显示故障代码,必要时会切断设备电源,停止设备供电。传感器采集泵体、电机、进出水管、阀门等管道配件的温度和设备内部的水温度,对影响设备正常运转的水温度范围,控制主机会停止设备运行,显示故障代码,必要时会切断设备电源,停止设备供电。在不进行灌溉时,温湿度传感器会持续监测温湿度信息,当发现与设备运行不相符的信息时会进行记录,并由控制主机显示故障代码,可供后续分析天气因素等外部影响时使用。

水位传感器可为水位传感器,可为水位开关。水位开关结构简单,活动部件少,工作稳定,输出数字开关量信号;水位传感器没有活动部件,可采用电压信号输出、电流信号输出、通信输出;水位传感器安装在水桶、水箱、水池、水井等蓄水设施内,当水位变化时,为控制主机提供水位状态信息。在不进行灌溉时,水位传感器会持续监测水位信息,当发现与设备运行不相符的信息时会进行记录,并由控制主机显示故障代码,此类信息多由降水或渗漏等引起,可供后续分析外部降水等天气因素时使用。

声音传感器可为声音强度传感器,可为声音频率传感器,可为阵列式声音传感器,声音传感器安装在对振动、噪声敏感的位置,如水泵泵体、电机、电源、变频器、设备安装点等位置;设备运转时会产生周期性的声音状态信息,当管道内吸入杂质时,声音特性会发生改变,控制主机分析声音变化,在必要时关闭系统。声音传感器可作为加速度传感器的备份传感器,在不进行灌溉时,声音传感器会持续监测声音信息,当发现与设备运行不相符的信息时会进行记录,并由控制主机显示故障代码,可供后续分析外部影响时使用。

功率传感器可为感应式功率传感器,感应式功率传感器不与被测线路直接连接,传感器无活动部件,性能稳定,受温度影响小,采用电压信号输出、电流信号输出、通信输出,传感器采集重点设备的功率信息,水泵在不同压力、不同转速下的功率变化,结合水泵的流量等信息,可用于分析水泵运转状态;在水泵过载时,功率会大幅升高,特别对于潜水泵,控制主机根据水泵功率调节工作压力,减少水泵过载。电磁阀等设备工作稳定,功率波动较小,可根据阀门系统功率诊断阀门故障。在不进行灌溉时,功率传感器会持续监测功率信息,当发现与设备运行不相符的信息时会进行记录,并由控制主机显示故障代码,功率异常可能由线路老化短路、线路受外部影响断路等引起,前述记录可供后续分析外部影响时使用。

流量传感器可为超声波流量传感器,可为涡街流量传感器、可为电磁流量传感器、可为涡轮流量传感器、可为容积式流量传感器;流量传感器可采用电流信号输出、电压信号输出、通信输出、数字脉冲输出;流量传感器安装在管道上,为控制主机提供管道流量信息。当不进行灌溉时,流量传感器会同步停机。

远程传输单元可为串口服务器,可为RTU远程传输单元;串口服务器可采用5G/4G/3G/2G蜂窝网络、有线网络、无线网络连接远程服务器,RTU远程传输单元在前述串口服务器的基础上,具有输入、输出端口;控制主机通过串行通信端口连接远程传输单元,可与下一级控制器通信,可与传感器通信。当不进行灌溉时,远程传输单元与控制主机同步工作。

UPS电源可为通用UPS,可为UPS型开关电源与蓄电池的组合;UPS电源为控制主机、传感器、远程传输单元提供电源,在停电时可维持供电一段时间。停电时,水泵等大功率设备会立即断电,此时传感器会采集断电后的数据信息,控制主机储存前述数据并通过远程传输单元发送至互联网,供用户分析设备动态变化,对断电类事故进行分析。

压力控制器可为下述实施的压力控制器,压力控制器与控制主机通过端子通信、串行通信、远程传输单元连接。控制主机控制压力控制器启停,监控其工作状态。

控制主机与传感器、远程传输单元、压力控制器相连接;控制主机能够获取来自传感器的数据信息,能够获取来自远程传输单元的数据信息,能够获取来自压力控制器的数据信息,并将前述数据信息储存至内部的存储器内;控制器能够发送控制信号至压力控制器,可选的,该控制信号可通过远程传输单元传输;控制主机根据采集到的数据信息,决定压力控制方式生成控制参数,并将前述控制参数发送至压力控制器,由压力控制器完成压力控制;控制主机实时获取传感器信息,评估控制效果,并重新计算新的控制参数,控制主机重复上述过程,完成多泵供水系统的测控。

四、算法与工作流程

本研究为供水测控系统开发控制方法,供水测控系统控制主机监控灌溉管道压力控制器的工作状态;控制主机与灌溉管道压力控制器通过远程传输单元通过无线方式连接,也可通过串行总线连接,也可通过端子连接,也可通过前述无线方式、串行总线、端子连接的组合方式连接(供水测控系统流程见图7.26)。

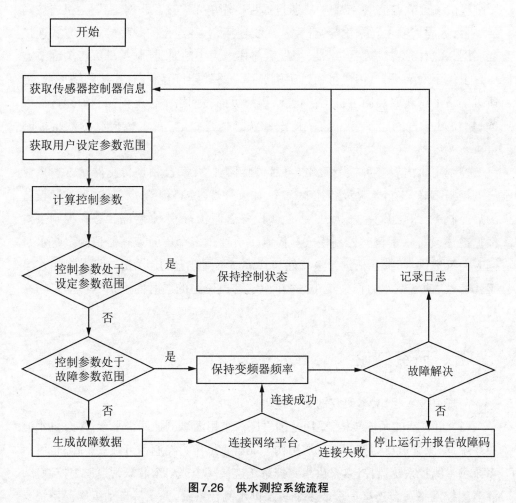

图7.26 供水测控系统流程

控制主机连接水压力传感器、转速传感器、加速度传感器、温湿度传感器、水位传感器、声音传感器、功率传感器、流量传感器,控制主机与传感器通过远程传输单元通过无线方式连接,也可通过串行总线连接,也可通过端子连接,也可通过前述无线方式、串行总线、端子连接的组合方式连接,控制主机通过前述传感器采集被控设备、单元、模组、控制器的工作状态信息;控制主机内部集成部分传感器,主要有温湿度传感器、加速度传感器、功率传感器、声音传感器;集成传感器有利于缩小体积,同时为系统中其他同类型传感器提供参考。

控制主机通过UPS电源提供电能,前述控制器、传感器、远程传输单元与控制主机同时连接此UPS电源,当电力中断时,连接在UPS电源上的前述单元可由UPS电源持续提供电能,控制主机在电力中断时,可持续采集前述被控设备状态信息,前述被控设备断电时的工作状态可为后续产品改进、降低断电时产生的不良影响提供关键节点信息;控制主机通过远程传输单元连接互联网,控制主机连接网络平台;远程传输单元采用蜂窝网络、无线连接、有线连接的一种或组合方式连接互联网,蜂窝网络具有高可靠性,当发生前述电力中断时,控制主机可将关键节点信息上传至网络平台;用户可通过手机等移动终端连接互联网,连接网络平台,可通过网络平台获取控制主机工作状态;用户可通过网络平台远程控制前述被控设备;用户可通过网络平台下载被控设备状态信息,用户可上传控制参数至控制主机。

控制主机内置多种控制策略,可对传感器独立编程,根据传感器状态选择对应的控制策略,支持常见设备控制模式,如反冲洗过滤装置的启停状态、施肥设备的启停状态、水位开关、压力开关、变频设备启停状态、水泵启停状态。控制主机根据前述设备状态调整控制模式。控制主机通过多个压力控制器控制多组水泵同时向管道供水时,会根据管道特性与管道在不同位置的压力分布调整各组水泵工作特性,使管道水力损失最小,并在稳定管道压力的同时使水泵尽可能工作在高效区。

五、研究结论

与现有技术相比,本研究的突出进步之处如下:

(1) 更灵活的系统架构,适用范围更广。采用灌溉测控网络平台、多泵供水测控系统、灌溉管道压力控制器三层结构。灌溉管道压力控制器可独立工作,也可由多泵供水测控系统监控;多泵供水测控系统连接一个或多个灌溉管道压力控制器,灌溉测控网络平台连接一个或多个多泵供水测控系统,并支持自动组网。系统支持用户通过网络平台监控多泵供水测控系统、灌溉管道压力控制器,用户可上传控制参数、下载监控信息数据。系统支持与现有恒压供水设备整合,提供监测和部分控制功能。

（2）系统支持多种传感器类型,支持多种传感器通信方式,控制算法支持对单个传感器的编程,支持在部分传感器失效的情况下运行,支持传感器信号在多泵供水测控系统、灌溉管道压力控制器之间共享。系统集成部分传感器并对不同传感器组合工况进行优化,并可根据失效传感器类型改变控制策略,支持多种传感器故障保护模式。

（3）系统支持对输入与输出端子独立编程,支持接入常见设备状态输入,如反冲洗过滤装置的启停状态、施肥设备的启停状态、水位开关状态、压力开关状态、变频设备启停状态和水泵启停状态,系统可通过编程将上述状态信息同步至输出端子。

（4）农村偏远区域电网不稳定,系统具有UPS电源并对断电工况进行优化,可在断电时为控制器、传感器、部分低功耗设备维持一段时间供电,持续监控设备断电后的状态,及时发现断电故障依托蜂窝网络通知用户,并为后续故障诊断提供监测数据。

第五节　精准灌溉和水肥同步系统研发

笔者课题组研发的智能灌溉机共包含四大模块,分别为灌溉管理、反冲洗过滤管理、施肥管理与土壤墒情检测。在传统灌溉设备与施肥设备的基础上,课题组优化智能灌溉机组工作流程,研发精准灌溉技术与施肥系统匹配最佳注肥方式,最终实现智能灌溉机组的水肥同步技术,实现精准随水施肥。

一、智能灌溉机工作流程

课题组优化了灌溉管理、反冲洗过滤管理、施肥管理与土壤墒情检测流程,在智能灌溉机中协调各功能模块与传感器,实现设备高效工作。

（一）灌溉控制器工作流程

系统上电后,灌溉管理模块控制器按照用户储存的参数,查找需要控制的设备是否在线,执行上电自检,自检信息通过总线传输至人机界面。

控制器采集重要传感器信息,包括水压力传感器、土壤墒情传感器;若重要传感器离线,将故障发送至人机界面;待故障恢复后,才能进行下一步操作。

若获取重要传感器数据功能正常,则分析传感器数据是否超过阈值;同时读取用户参数,若满足启动条件,则控制水泵启动,打开相应灌区。

在灌溉进行时,读取用户参数,控制施肥设备工作。

持续读取传感器数据,达到用户针对特定作物设定的阈值后,停止施肥设备、停止灌溉过程。

重复上述流程,将土壤墒情控制在适宜作物生长的范围内,直到系统断电,停止工作。

(二)反冲洗过滤工作流程

系统上电后,反冲洗管理模块控制器读取用户参数,检查压力开关、压力传感器、压差传感器等传感器工作状态。

控制器支持手动冲洗、定时冲洗、压差冲洗、通信冲洗四种工作模式。

手动冲洗工作模式下,控制器检测用户输入的信号,只有用户启动冲洗时,控制器才会按照预设的流程控制过滤器完成反冲洗。此时,控制器会忽略传感器信号。

定时冲洗工作模式下,控制器读取用户输入的信息,当灌溉时长达到一定值时,自动启动反冲洗。定时冲洗工作模式适用于水质较差需要频繁进行反冲洗的工况。反冲洗过滤器的压力传感器易受水中杂质影响,无法准确测量灌溉管道压力,定时冲洗工作模式可以解决上述问题。

压差冲洗模式下,控制器检测压力传感器或压差传感器信号,当过滤器进出水端压力差达到预设值时,控制器启动反冲洗。压差冲洗工作模式适用于水质较好的区域,可以有效降低反冲洗频率,延长设备使用寿命。

通信冲洗工作模式下,反冲洗过滤器控制器与上一级控制器通信,由上一级控制器发出控制信号,控制反冲洗启停。

控制器默认进入通信冲洗工作模式,当控制器检测不到通信信号时,自动进入压差冲洗工作模式,当控制器检测不到压差信号时,控制器进入定时冲洗工作模式,当控制器通过压力开关检测到主管压力低于一定值时,控制器进入手动冲洗工作模式。

(三)施肥控制流程

设备上电后,施肥设备管理模块控制器读取用户设定的参数,然后检查传感器状态。控制器采集灌溉管道压力与流量信息,控制施肥通道启闭,控制施肥流量,控制肥料桶搅拌器运行,并在肥料桶肥料施用完成后自动停止施肥。控制器支持手动模式、自动跟随模式、通信模式三种工作模式。

手动模式下,控制器根据用户输入控制施肥通道启闭,根据流量传感器信息或用户输入的速率施肥。

自动跟随模式下,控制器自动检测灌溉管道工作状态,在灌溉启动时自动按照预设施肥量和施肥速率施肥。

通信模式下,控制器接收上一级控制器指令,完成施肥。

控制器默认工作在通信模式,当与上一级控制器连接中断时,自动切换为自动跟随模式,并定时检查连接,若通信连接恢复,控制器会自动更改为通信模式。施肥完成后,自动切换为手动模式。用户重新添加肥料后,将设备重置为通信模式。

(四) 墒情采集处理装置流程

设备通上电后,墒情采集处理装置自动读取用户设置的参数,并按照预设参数运行。墒情采集处理装置默认处于透明传输工作模式。透明传输模式下,装置主要起隔离作用。采集工作模式下,墒情采集处理装置采集多个传感器的信息,将信息处理后发送至上一级控制器。

二、精准灌溉技术研发

课题组将主控制器通过总线与其他模块控制器通信,其他控制器可以与主控制器共享管道压力、管道流量、土壤墒情等参数,而系统中相同功能的传感器则自动作为备份传感器。共享传感器既可以节省传感器数量,又可以通过额外的传感器获取更多数据提高决策准确性,有利于解决传统灌溉设备功能分散,协同性不强的问题。

(一) 灌溉流程控制

为提高智能灌溉机组对不同灌溉工况的适应性,本研究开发的控制系统支持手动、自动、调试、远程四种模式(模式切换见图7.27)。

手动模式下,用户可以独立控制各部件,如灌溉泵、灌区电磁阀、反冲洗过滤器单元、灌区电磁阀、泄水阀等。手动模式适用于多数情况,可以对特定部件独立控制,如手动开启泄水阀以便于检修。

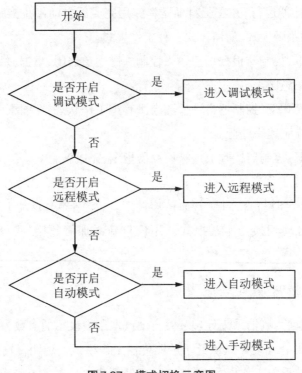

图 7.27　模式切换示意图

自动模式下,控制器具有定时模式和阈值模式。定时模式下,控制器按照用户预设的时间控制各部件启停。阈值模式下,控制器根据传感器的信息数据,按照预设的阈值自动控制各部件的启停。自动模式下会同时采用两种模式,以定时时间和阈值先到者为准,完成自动灌溉流程(自动模式流程见图 7.28)。

调试模式下,用户可控制更多底层设备,可对设备参数进行修改。调试模式下控制器内的保护模式不会启动,不建议用户使用调试模式。调试模式主要用于维护人员调试设备,使设备工作在最佳状态。

远程模式是专用于远程控制的模式,此模式仅保留基础的灌区控制与施肥控制,减少数据传输数量,保障控制效果。

控制系统上电后检测是否进入调试模式,默认跳过调试模式。从调试模式退出后,控制器进入远程模式。

开机后,系统自动切换到手动模式。远程模式默认为开启状态,每一级模式都有密码保护,由低级向高级切换需要对应密码。高权限操作位会覆盖低级操作位的权限。

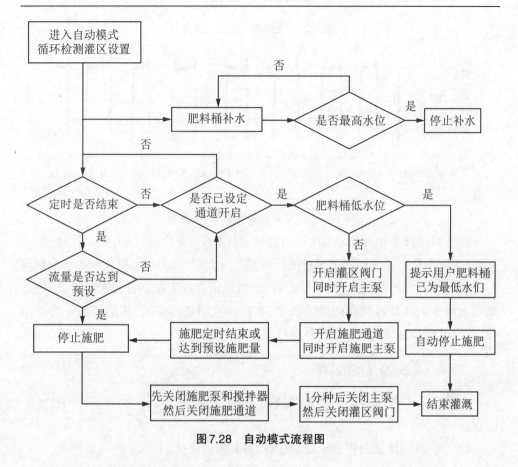

图7.28 自动模式流程图

（二）反冲洗过滤器压力补偿

反冲洗过滤器在启动反冲洗流程时,灌溉水泵的压力仍然维持在反冲洗过滤启动前的压力,此时反冲洗过滤单元内部过滤材料松散,水流阻力减小,一部分水流进入排污管道,致使过滤器出口流量和压力迅速下降;灌溉管理控制器检测到压力下降,即增加水泵转速,直至达到开启过滤之前的压力;在反冲洗完成之后,当反冲单元转为过滤工作模式不再进行反冲洗时,过滤器过水阻力迅速增加,致使过滤器出水端压力迅速上升;上述反冲洗流程对过滤器出口压力造成不利影响,不利于灌溉管道工作。

搭建一个具有两个反冲洗过滤单元的小型灌溉试验设备,按照开启单元1、关闭单元1流程控制灌区电磁阀,灌溉管道压力变化如图7.29所示。

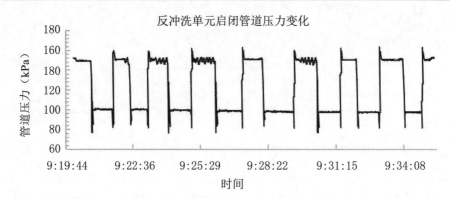

图 7.29 过滤单元启闭管道压力变化

传感器每秒采集并记录 5 次压力数据,过滤单元开启时,压力降低,过滤单元关闭时,压力升高。过滤器单元启闭导致灌溉压力变化,为此本研究调整了控制器控制灌溉压力的策略,在反冲洗开始前,通过提前控制变频器提高水压力,使得过滤器出口压力在反冲洗期间维持稳定;在反冲洗即将结束时,提前降低主管道压力,使得过滤器出口流量和压力维持稳定。

(三) 灌区与管道监测

在灌溉系统中,供水监测主要是监测管道阀门是否正常开启,可采用的技术手段有:

(1) 流量:直接监测管道流量,判断是否有流量通过。

(2) 温度:因水体温度与管道温度不同,可通过监测水体温度间接分析是否有水流通过。

(3) 振动:通过监测电磁阀动作时产生的振动来判断是否正常开启。

(4) 电导率:通过检测水体电导率变化来间接分析水流。

(5) 超声波:通过监测管道中液气分层情况,来判断管道中是否有水流通过。

(6) 水压:通过管道水压变化,推测管道中水流动态。

本研究采用水压监测分析灌溉电磁阀启闭状态。灌区电磁阀启动后,灌溉管道压力会下降,灌溉管理控制器检测到压力下降,通过调节提高水泵转速,直至达到预先设定的压力值。同样地,灌溉阀门关闭时,管道压力会突然上升,灌溉管理控制器降低水泵转速,直至达到预设值。

搭建一个具有 1 台水泵的灌溉管道,并配置 2 个电磁阀,通过开启关闭阀门得到灌溉管道压力变化如图 7.30 所示。

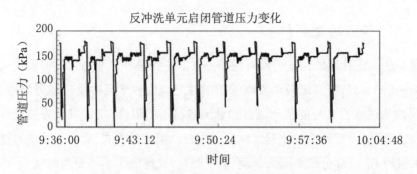

图7.30　灌区启闭管道压力变化

阀门开启时,灌溉管道压力下降,阀门关闭时,管道压力上升,且相同阀门开启时,压力基本稳定。本研究调整了控制器在此类工况下控制灌溉压力的策略,由控制器采集管道压力信息,在阀门开启时,提前控制水泵提高压力,降低因阀门开启造成的压力下降。同理,当阀门关闭时,控制器提前控制水泵降低压力。

此外,本研究为控制器增加了灌区与管道监测功能,其具体原理为:通过实时监测管道压力变化,与上述正常启闭灌区阀门时管道压力变化进行对比,可以有效检测阀门启闭是否正常,以及通过关闭所有阀门,监测压力是否出现明显变化来检测管道是否存在异常泄漏点。

(四)管道冲洗与防腐蚀

残留在肥料主管道中的肥料结晶会导致灌水器堵塞。因此,在灌溉结束前就需要先停止施肥,然后通过清水冲洗灌溉管道。具体方式如下:

(1)提前开启灌溉:在施肥开始前提前开启灌溉,确保灌溉管道内充满清水,减少肥料在管道内的积累。

(2)提前结束施肥:在施肥完成之后,仍然灌溉一段时间,使管道内残留的肥料被冲洗干净。

本研究同时采用上述两种方案,用户可在配置界面设置提前开启灌溉与提前结束施肥的时长,该时长预设为3分钟,并可为用户主动配置,或由主控制器根据开启灌溉后灌区土壤墒情传感器采集到的墒情变化自动计算。

三、水肥同步技术研发

智能灌溉机组水肥同步技术指将肥料以作物需要的比例和总量注入灌区,本书从肥料在灌溉管道中的注入位置、施肥流量控制、同步施肥三个方向进行研究。

（一）水肥混合部位

肥料注入主管道的位置通常有两种方案。一种是在主泵与主过滤器之间注入灌溉管道（图7.31）。将肥料向灌溉管道的注肥口放置于反冲洗过滤器的进水端，采用反冲洗过滤器自身的复杂流道和湍流进行水肥混合，既可以省去施肥设备的过滤器，又可借助反冲洗过滤器完成水肥混合。但此种方式，会在反冲洗过滤器启动反冲洗时，造成部分肥料流失，既浪费了肥料，又造成了不必要的污染。

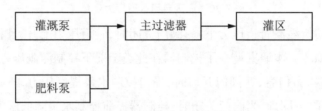

图7.31 肥料进口位于主过滤器之前

本研究通过主控制器协同施肥设备和反冲洗过滤器协同运行，使反冲洗过滤器启动反冲洗之前，首先暂停施肥，待反冲洗完成之后再恢复施肥的方式解决上述问题。

另一种是在主过滤器与灌区阀门之间注入灌溉管道（图7.32）。此时需要在施肥管道中设置过滤器，通常有两种方式。过滤器置于肥料桶与施肥泵之间，过滤器置于施肥泵与灌溉管道之间。

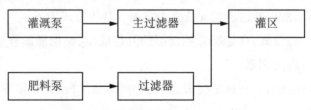

图7.32 肥料进口位于主过滤器之后

当肥料进口位于主过滤器之后时，过滤器在施肥系统中的安装位置具有三种方案（图7.33）。

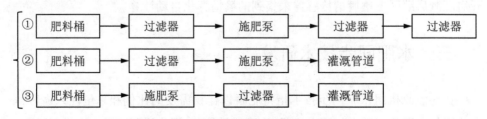

图7.33 过滤器在施肥系统中的安装方式

方案1:采用双过滤器,过滤器分别置于肥料桶、施肥泵与灌溉管道之间。

方案2:过滤器置于肥料桶与施肥泵之间。

方案3:过滤器置于施肥泵与灌溉管道之间。

当施肥设备采用比例泵或其他不耐磨泵时,为避免肥料中固体颗粒物质被肥料泵吸入,造成泵体磨损,需要方案1或方案3。此方案过滤器数目需与主过滤器保持一致,同时需要在肥料桶中安装搅拌系统,使肥液充分搅拌,尽量减少固体颗粒物。

当施肥设备采用柱塞泵等较为耐磨的泵时,过滤器安装位置可选择三种方案的任意一种。因水流流经过滤器造成较大水头损失,过滤器应尽量置于肥料泵与灌溉管道之间,尽量避免肥料泵吸取肥料时出现汽蚀现象,降低肥料泵产生异常磨损的概率。

本研究智能灌溉机组选用将肥料进口置于过滤器之前的方案,采用更为耐磨的柱塞泵以减少过滤器使用量,降低设备元件数量,进而提高设备的集成度,降低故障概率。

(二) 肥料流量控制

本研究采用文丘里式射流器作为注肥单元时,调节流量具有两种方案。

方案1:采用电动阀门控制注肥管道开度进而调节流量。但此方案压力损失较大,不适用于流量较大的场合。

方案2:采用电磁阀改变流经文丘里射流器的流量进而控制肥料注入量,为本研究采用的方案。

本研究施肥设备采用柱塞泵时,因柱塞泵工作特性与采用离心泵的施肥设备不同,现有变频器调速功能多针对离心泵进行优化设计,对柱塞泵的优化较少,不能很好地满足施肥设备实现节能高效运行要求。本研究采用两种方案,针对柱塞泵工作特点,优化柱塞泵调速性能。

方案1采用编程型变频器,为变频器设计专用参数,用于驱动柱塞泵。本方案对柱塞泵在调速工况下的工作特性进行试验,分析传统变频器与编程型变频器在效率、成本、经济性等方面的特点。根据试验结果,三缸柱塞泵基本为恒转矩负载,而采用电动推杆的柱塞泵则需要频繁换向与加减速,而采用隔膜泵的柱塞泵转矩在较小范围内波动,需要分别为上述三种工况设计专用的控制逻辑。本研究在施肥控制器内存储上述控制逻辑。

考虑到编程型变频器性能较高,且功能复杂,用于农业施肥设备时存在较大资源浪费,本研究设计第2种方案,该方案针对柱塞泵特点,采用直流电机取代交流电机,因直流电机调速性能好,效率高,采用通用调速器即可完成调速功能。

本研究开发的施肥模块控制器同时支持上述两种施肥设备的调速。

(三)肥料同步控制

本研究肥料同步控制由主控制器协助施肥设备控制器完成。主控制器将灌溉管道流量、施肥量数据发送至施肥设备控制器,施肥设备控制器根据灌溉管道流量控制施肥流量,当肥料桶肥料施用完成时,自动停止施肥设备,并向主控制器报告施肥量。

施肥设备工作主要依靠灌溉流量监测、施肥流量监测、肥料桶水位监测三个部分,具体流程如图7.34所示。

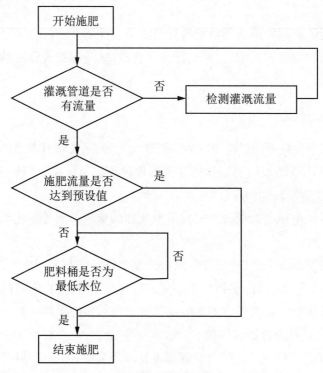

图7.34　施肥流程

施肥设备检测肥料桶水位时,会连续多次检测水位信号,当连续出现肥料桶低水位信号时,施肥设备才会停止施肥,停止施肥后,施肥设备向主控制器报告施肥流量和施肥结束状态。

第六节 互联网远程控制系统研发

一、远程控制系统组成

远程控制系统由设备端、服务端、客户端三部分组成。

设备端是智能控制系统的现场控制端,其控制部分主要由控制器、传感器和远程传输模块组成。控制器采集传感器信息,通过远程传输模块与服务端连接,并与服务端交换控制信息、配置参数等数据。远程传输模块通过互联网连接服务端,常用连接方式为Wi-Fi和4G/2G蜂窝网络,户外使用时通常采用蜂窝网络以降低网络成本。

服务端由服务器与后台服务系统组成。服务器上运行后台服务,用于向设备端和客户端提供服务。后台系统内置多种智能算法,协助设备端完成智能控制任务。

客户端分为网页客户端、手机APP客户端、PC端三个部分。客户端通过互联网连接服务端后台系统,用户通过客户端界面实现对设备端的远程控制。同时用户可从服务端下载设备端运行日志、配置参数等。也可将配置文件上传至服务器,由服务器后台系统将配置信息发送至设备端。

二、远程传输模块

远程传输模块用于控制器和控制面板通过网络连接服务器,远程传输模块分为内置型和外置型两类,分别应用于前述整体式操作界面和分离式操作界面。

(一) 内置型远程传输模块

内置型远程传输模块采用型号为移远EC20-C R2.0 Mini PCIe-C的4G模块(图7.35),该模块可工作在TDD-LTE: B38/B39/B40/B41、FDD-LTE: B1/B3/B8、WCDMA: B1/B8、TD-SCDMA: B34/B39、GSM: 900/1800等五个频段,在FDD-LTE频段通信速率可达150 Mbps(下行)/50 Mbps(上行)。

图7.35　内置式远程传输模块

内置型远程传输模块通过 mini-PCIe 接口安装在 AIO 一体机内部(图7.36),AIO 一体机上电启动后,会自动通过/etc/init.d/quectel-CM.sh 脚本启动拨号程序连接蜂窝网络并通过 Linux 脚本自动获取 IP。AIO 一体机上电后,系统会启动自动化脚本,该脚本会监测网络状态,成功联网后,自动启动设备并显示操作界面。若此时用户已经登录服务器,设备的状态会自动同步到用户端,同时向用户端推送上线信息。

内置型模块通信速率较高,与主控制器通信时,主控制负载较高,因此内置型模块通常适用于 AIO 一体机等计算能力较强的控制平台。本研究采用基于RK3399 处理器的 AIO 一体机,其 CPU 具备六个处理核心,计算资源较为丰富,可以充分利用内置型远程传输模块的带宽。

图7.36　内置型远程传输模块安装

（二）外置型传输模块

外置型传输模块采用DTU串口服务器设备,分为LAN串口服务器、Wi-Fi串口服务器和4G串口服务器三种设备,型号分别为TAS-LAN-460、TAS-Wi-Fi-260和TAS-LTE-364(图7.37)。

(a) TAS-LAN-460　　　　(b) TAS-Wi-Fi-260　　　　(c) TAS-LTE-364

图7.37　外置型远程传输模块

外置型传输模块将串口与TCP套接字相连接,并采用透明传输模式,主控制器串口与云服务器直接相连,由云服务器基于Python编写的服务程序与主控制器通信。

本研究采用的AIO一体机可同时支持内置型模块和外置型模块,可针对不同的项目采用不同的模块组合,具有很高的适应性。

三、服务器后台系统

（一）云服务器

服务器是远程监控系统的基础,远程监控所需后台服务程序等在服务器上运行。本研究基于云服务器研发后台处理系统。本研究采用的云服务器配置为1CPU核心,1 GB内存,50 GB存储空间。

本研究采用的云服务器负载较低,采用Linux系统的top程序监控资源使用量,其平均内存占用量低于40%,平均负载低于三个驱动程序,平均CPU占用低于20%,平均网络占用小于10%,硬盘剩余容量超过30 GB,具有充足的存储空间保存灌溉设备采集的数据。

（二）云服务器操作系统

云服务器操作系统采用Linux系统。Linux操作系统属于开源软件，占用内存小，特别适合作为云服务器的操作系统。

本研究采用的云服务器操作系统为CentOS 7.8，并采用另一台Ubuntu server 20.04.3 LTS作为备份服务器。

（三）基于Nginx的网页服务

本研究采用Nginx网络服务器解析PHP文件，搭建基于PHP的网页版用户操作界面。

（四）数据存储

本研究采用JSON文件来处理少量的数据，后期数据量持续增加，则采用结构化的MariaDB数据库来存储数据。

JSON数据为采集到的土壤墒情数据，包括土壤温度、土壤含水量、土壤EC值三组数据（图7.38）。

tmp > {} sensor.json > ...


```json
{
    "A": {
        "date": "[2021-10-25 10:38:54]",
        "humility": 42.1,
        "temperature": 21.2,
        "EC": 1573
    },
    "B": {
        "date": "[2021-10-25 10:43:54]",
        "humility": 38.5,
        "temperature": 20.0},
    "C": {
        "date": "[2021-10-25 10:33:54]",
        "humility": 31.4,
        "temperature": 19.8
    }
}
```


图7.38　JSON格式传感器数据

（五）后台服务程序与算法

后台服务程序采用Python和C编写，计算部分充分利用C语言高效快速的特点。网页服务器交互程序采用Node.js编写，与网页采用相同的JavaScript语言编写，网页端、服务器端、手机端程序相似度很高，可以通用绝大多数代码，可使开发人员提高开发速度的同时降低故障率。

四、网络交互界面

(一)网页操作面板

网页操作面板由主页、配置、日志、关于四个标签页组成(图7.39)。

图7.39 网页操作面板

主页标签页由管理、监测、用户三个界面组成。

(1)管理界面用于控制智能灌溉系统一键启停功能,同时支持手动控制主泵、灌区电磁阀、过滤单元、施肥泵、施肥单元的启停。灌区启动后会自动启动主泵,所有灌区关闭后会自动关闭主泵,施肥单元启动后会自动启动施肥泵,所有施肥单元关闭后会自动关闭施肥泵。

(2)监测界面用于显示土壤墒情,包括土壤水分、土壤温度、土壤EC值三个参数,可同时读取三组传感器的数值。

(3)用户界面用于用户登录,登录用户可以设置参数。

配置标签页用于装载配置文件,用户可自由选择预先设置好的配置文件,控制智能灌溉机按照预设文件工作。

日志标签页记录用户操作日志和设备运行记录,包括传感器采集到的数据等。

用户可以查看设备的运行状态日志、错误日志、登录日志等。

关于标签页用于方便用户寻找帮助文件和开发者的联系方式,以便用户在设备出现故障时及时联系维护人员。

(二) 基于 Websocket 的数据同步

网页操作界面基于 HTML5、CSS3、Javascript 等开发,其与后台服务程序通过 Websocke 实现全双工通信。Web 套接字与 HTTP 协议类似,其结构如图 7.40 所示。

图7.40　Websocket

Websocket 可以从服务端向客户端发送数据,同时支持 TLS 加密,适合于有数据同步要求的场合,同时具有较低的通信延时。

网页操作界面指令通过云服务器经 Websocket 传输至 AIO 一体机,AIO 一体机响应网页操作界面指令,控制主控制器工作,主控制器将控制信息反馈给 AIO 一体机,AIO 一体机将反馈信息如传感器数据传输至云服务器,云服务器根据接收的信息备份后发送至网页界面,实现网页操作界面、AIO 一体机操作界面和云服务器的数据同步(图7.41)。

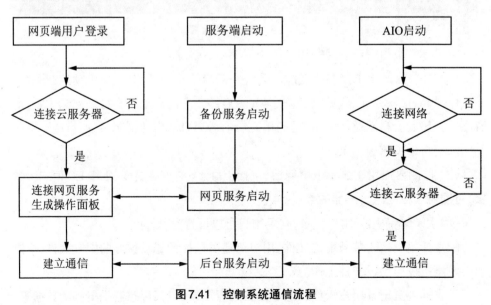

图7.41　控制系统通信流程

第七节　智能测控研发

课题组研发的智能灌溉机具有多种控制器算法,优化人机交互并搭配智能算法,满足农业节水灌溉控制需求。

一、控制器算法

课题组研发的智能灌溉机包含多种控制算法,其主控制器与各控制模块根据被控设备类型设置多种控制算法实现智能化的农业节水灌溉。

(一)灌溉管理模块算法

灌溉管理模块主要功能如下:

(1)控制补水设备为离心泵补水。

(2)控制灌溉管道压力稳定。

(3)灌区管理。

(4)检测管道破损、阀门失效等故障。

(5)冬季管道排水。

补水设备通常为自吸泵,灌溉管理模块内置自吸泵工作参数,可根据输入的补水管道尺寸与长度计算补水时间,自动控制自吸泵为离心泵补水。当补水时间超出预设时间,或补水后管道压力与预设压力不符时,灌溉管理模块会记录日志并将报警信息传送至主控制器显示在控制面板上。

恒压供水控制采用PID算法,与传统PID控制不同,灌溉管理模块内置多种PID策略,在灌溉、施肥、反冲洗的不同阶段采用不同的PID参数,满足不同工况下灌溉管道压力的需求。

灌区电磁阀为典型的感性负载,电磁阀启动电流为正常工作电流的数倍,当多个电磁阀同时启动时,电源会触发过载保护自动切断输出。灌溉管理模块在启动多个电磁阀时,会限制同时启动的电磁阀数量,采用间隔启动的方式逐个启动。灌溉管理模块具有记忆功能,会保存电磁阀的启闭状态,当系统断电后恢复时,可以选择是否按照断电前设置的流程继续完成灌溉。

灌溉管理模块记录不同灌区启闭时的系统状态,主要包括管道压力、系统功率、管道流量和启闭电磁阀数量。当启闭特定电磁阀数量后,上述参数与记录的参数区间不相符时,灌溉管理模块记录日志并向用户报告故障。常见故障为管道破损和灌区电磁阀失效,当管道出现破损时,达到相同压力时的灌溉流量会偏高、系统功率偏大。当灌区电磁阀失效时,相同灌溉压力下,灌溉流量不会发生明显变化。灌溉管理模块会记录故障,方便用户查找易损管段,有利于灌区管道维护。

冬季管道积水结冰会导致管道破损,灌溉管理模块通过内置的万年历和温度传感器感知外界温度变化,在冬季寒冷天气运行后,会在灌溉结束时启动排水阀排空设备内积水。

(二) 反冲洗过滤模块算法

反冲洗过滤模块主要功能如下:

(1)过滤灌溉水中杂质。

(2)自动反冲洗滤芯上附着的杂质。

过滤器在过滤时,水中杂质会被滤芯阻挡,附着在滤芯外侧,随着过滤时间的增加,附着的杂质会越来越多,导致过滤器进出水口两侧压差慢慢增加。反冲洗过滤模块记录过滤器进出水口两侧压差与时间的关系。当过滤器进出水口两侧压差突然升高时,可能是水体受到扰动,水中杂物突然增多,此时反冲洗过滤模块会记录到日志中并通知用户。当过滤器进出水口两侧压差突然降低时,可能是过滤器滤芯损坏,此时反冲洗过滤模块会记录故障,并向用户报告故障。

反冲洗过滤模块会根据反冲洗间隔调整过滤单元反冲洗时间,当水中杂质增多,过滤器进出水口两侧压差增长较快时,反冲洗过滤模块会适当增加过滤单元冲洗时长,反之则减少冲洗时长。

(三) 施肥设备模块算法

施肥设备主要功能如下:

(1) 控制各施肥通道施肥。

(2) 控制搅拌器。

(3) 控制肥料桶补水。

施肥设备模块会根据灌溉管道流量调整施肥量,在灌溉流量较小时,会自动停止施肥防止肥料长时间停留在灌溉管道内。

施肥设备模块根据用户预设控制搅拌器跟随施肥通道启动,也可提前启动搅拌器,待肥料搅拌均匀后启动施肥。施肥设备模块根据管道内肥料EC值自动估算肥料浓度,当肥料浓度出现较大范围波动时,会启动搅拌器搅拌肥料。

施肥设备模块会在肥料施用完毕后,自动为具有补水设备的肥料桶补水。补水桶具有水位传感器时,施肥设备会在达到高水位后停止补水。

(四) 采集处理装置算法

采集处理装置主要功能如下:

(1) 连接不同电气性能的多个传感器。

(2) 汇总传感器信息并传送至主控制器。

采集处理装置支持多种传感器,当同时连接数字型传感器与模拟信号传感器时,采集处理装置会自动将其统一转换为数字信号,便于主控制器处理。

墒情采集处理装置,在处理多个相同传感器信息时,采用投票算法或均值算法。投票算法适用于三个及以上的同类型传感器,均值算法适用于两个及以上的同类型传感器。

(五) 系统算法

系统算法主要对灌溉系统流程进行的优化,具体如下:

1. 管道压力稳定

当灌区启闭、反冲洗单元启闭、施肥设备启停时,管道压力会发生变化,主控制器通过各控制模块监测灌溉管道压力变化,通过灌溉管理模块稳定管道压力。同时灌溉管理模块会记录压力变化,在上述被控设备启停时,提前动作以降低压力波动。

2. 管道与灌区故障监测

当灌区电磁阀损坏不受控制或管道破损时,主控制器可根据管道流量、管道压力、系统功率等参数发现此类故障并及时报告故障。

3. 过滤设备监测

当过滤器滤芯破损或严重堵塞时,主控制器监测灌溉管道压力、流量变化,及时发现故障并停机,降低损害。

4. 管道肥料冲洗

当施肥完成后,主控制器会持续灌溉一段时间,冲洗管道内残余的肥料,降低管道肥料沉积,减轻管道腐蚀。

5. 墒情监测

当出现天然降水时,土壤墒情会发生变化,主控制器监测土壤墒情变化,在出现降水时停止灌溉。

二、人机交互研究

设备与用户通过人机界面进行交互,人机交互系统是控制设备的关键环节,课题组在第一代水肥一体机的基础上,优化人机界面设计。从早期设备采用按钮指示灯实现的简易交互系统,到通过手机语音识别用户指令,实现灌溉系统自动运行。

人机界面的设计主要包括如下几个方面:

(一) 功能分级

人机界面包括主界面和二级菜单界面,主界面用于显示主要设备状态,如报警信息、土壤墒情信息、灌溉流量、开启灌区数量、施肥流量、服务器连接状态、客户端数量等,二级菜单显示非常用部件的状态,以施肥设备为例,二级菜单显示搅拌器工作状态、肥料桶水位状态、剩余施肥时长等信息。

(二) 统一界面

设备端、客户端包括手机 APP、网页端、PC 端,尽量采用同一种代码设计,其主要操作界面操作内容与操作方式尽量保持一致。

(三) 分类显示

可控制设备与状态显示设备区别显示,完成某种功能控制时尽量在同一界面完成,减少界面切换次数。如主界面具有常用信息显示和一键启停开关,可以直接完成灌溉与施肥控制,如需对灌溉与施肥参数进行详细设置,进入灌溉与施肥控制的二级菜单即可完成。

三、人工智能辅助

本书在智能灌溉机组的服务器端,结合人工智能算法,研发人工智能辅助程序提高智能灌溉机的工作效率,降低操作难度。

(一) 土壤墒情信息处理

本书采用人工智能算法分析由土壤采集处理装置采集的土壤墒情信息,土壤墒情信息受天然降水、土壤水蒸发、灌溉共同影响。本研究采集长系列土壤墒情信息,结合长系列气象数据,分析适宜作物生长的土壤墒情,用户可在远程控制界面查看分析结果。

(二) 灌溉水量计算

农业灌溉项目常采用水池蓄水,灌溉项目可在蓄水池内安装水位传感器,服务器后台系统会根据蓄水池水位和气象数据,分析蓄水池水量,并根据未来天气预报调整灌溉策略,当未来有降水或连续干旱时调整灌溉量,并及时通知用户,提高水资源利用率。

(三) 故障预警

智能灌溉机记录工作状态日志,并将日志发送至后台系统。后台系统会分析智能灌溉机工作状态,在已有的管道破损检测、灌区电磁阀检测等基础上,分析可能的故障成因,并记录结果,供用户维护设备时参考。在设备运行参数出现异常时,后台系统可向用户发出预警,提醒用户及时维护设备。

四、未来改进方向

未来设备发展主要分为提高工作精度、增大设备规模并具有多种型号、支持更多智能算法三个方向。

(一) 提高工作精度

提高设备工作精度有利于提高设备工作效率减小设备体积,降低损耗,节约能源。精准灌溉施肥包括水量精准控制和水肥比例精确调节两个方面。

课题组优化灌溉设备的压力稳定算法,保证供水压力在反冲洗和灌区启闭时维持稳定,进一步提高供水精度。研究水肥同步技术,提高施肥精度。

课题组将优化新式容积泵注肥单元,进一步提升施肥设备流量控制精度。同时进一步优化控制器算法,提高控制精度的同时提高设备效率,进一步降低能耗。

(二) 增大设备规模

未来农业灌溉设备会向着规模化和大型化发展,具体如下:

(1) 效率更高,灌溉水泵的机械效率随流量增加而增加,更大的灌溉泵往往具有更高的机械效率,加工工艺的进步使得大流量水泵越来越常见;大功率变频系统的效率同样随功率的增大而增加,我国在集成电路上的大力投入使得大功率变频设备的成本不断降低;新式容积泵注肥器的采用大大提高了注肥流量(理论可达 1 m³/s 级别),几乎可以和任意流量的灌溉设备进行配套,大型注肥泵同样具有较高的机械效率。

(2)成本更低,更大规模的设备控制系统与小规模设备的核心控制系统成本较为接近,更大的设备规模可以减少控制设备采购数量,进而降低成本;同时,控制设备需要更少的管理维护人员,整体维护成本也会降低。

(三)优化智能算法

智能算法将在农业节水灌溉领域发挥越来越重要的作用,课题组未来将在如智能灌溉策略、智能故障诊断方面开发新算法,提升智能灌溉机的适用性。

我国物联网和人工智能均处于高速发展阶段,智能灌溉机依托于物联网技术,可以在田间放置更多传感器,获取更丰富的现场信息。与此同时,遥感、气象信息也在智能灌溉策略中发挥重要作用。智能灌溉机获取灌溉作物不同阶段的需水量,根据气象信息制订灌溉计划,根据灌溉计划制订灌区管理计划。最终实现作物全生长周期精准灌溉,实现节水、节肥、节能。

智能灌溉机在长时间运行后,会不可避免地遇到故障,通过在设备中集成更多传感器,智能故障诊断算法在现有传感器功能基础上,结合传感器信息分析设备运行状态,在设备发生故障时进行预警,同时协助用户解决简单故障,并及时通知厂家维护设备的严重故障。

未来,人工智能算法将发挥越来越重要的作用,其对于解放劳动力,降低劳动力成本具有明显优势。笔者课题组将持续研发智能设备与智能算法。

第八章　智能节水灌溉工程案例

本章介绍典型的节水灌溉工程案例。

第一节　智能园区灌溉工程

一、项目概况

安徽省亳州市涡阳县某中草药节水灌溉项目是针对复杂灌溉工况设计的典型的节水灌溉项目。

项目由 3000 m² 连栋棚和 30 亩露天田块作物组成,其连栋棚为 6 连设计,用于种植对环境要求较高的中草药,露天田块种植一般中草药(图 8.1)。

图 8.1　项目连栋温室与露天田块布置

二、智能泵房设计

项目建设泵房为砖混结构,占地面积为35 m²,泵房与天然水塘距离20 m,泵房内并未使用离心泵,而是在天然水塘使用潜水泵与浮筒的结构,通过多个浮筒使潜水泵浮于池水上层。泵房内主要配置有过滤器(砂石过滤器和叠片过滤器),智能灌溉集成装备以及水肥一体化施肥设备。灌溉水由潜水泵抽取上来后经过主管道首先进入泵房内的两组砂石过滤器,目的在于过滤掉水中较大体积杂质,如浮草等较大漂浮物,此类漂浮物无法在沉降池内沉底,极易被水泵吸入,从而导致管道阻塞。灌溉水从砂石过滤器流出后直接进入四组叠片过滤器,此过滤设备可有效过滤掉水中的颗粒状杂质,相比网式过滤器具有同流量下更好的过滤效果。并且由于叠片式过滤器具有高效反冲洗的结构特性,四组过滤单元通过阀门与管道设置形成便捷高效的反冲洗结构。当需要反冲洗时,只需将某个反冲洗单元的入水口关闭,再打开其排污口,此时过滤单元出水口处水压远大于排污口处水压,水流反向流入将过滤单元内弹蓄结构顶开后,过滤孔隙完全打开,加上离心喷射作用,完成对叠片上杂质的冲洗。经过叠片过滤器过滤后的灌溉水就可以通过灌溉管道进入核桃园区进行灌溉,如果需要施肥,开启施肥设备,打开施肥通道,肥液就随灌溉水一同进入园区完成灌溉施肥任务。

水肥一体机由柜机和施肥桶组成,如图8.2所示。柜机的长宽高分别为100 cm、66 cm、120 cm。柜体为控制部分,上面附有一块控制屏,控制部分由变频器、空气开关、施肥机控制器、继电器开关、24 V电源共同组成。变频器为离心泵提供变频信号,用于水泵软起动,与总流量控制;空气开关控制整机设备的380 V与220 V供电输入;施肥机控制器是自主研发的专用于施肥机控制的集成模块,内置有施肥控制逻辑且可控制8个外部开关;继电器开关受施肥机控制器开关量控制,负责接通与断开施肥桶搅拌机的三相电。24 V电源用于将220 V交流电变为稳定的24 V直流电,为施肥机控制器与人机界面提供支持。施肥桶由搅拌机、叶轮、施肥桶共同组成。

图8.2　智能灌溉泵房

三、灌溉管网与灌水器设计

首先结合温室尺寸和结构、棚内蔬菜种类和种植间距、通道布置等确定灌水器类型和规格,然后根据灌水器规格计算干管、支管规格,最后综合项目地形地貌、水源位置、主干管规格等确定泵房规格,完成整个项目的设计。

(一)连栋棚灌水器

项目温室为多功能温室,具有育苗等多种功能,灌水器同时采用滴灌(图8.3)和微喷灌(图8.4)设计。每栋温室设为一个灌区,共包含六个灌区。

棚内支管采用LDPE管道,管道规格DN20,悬挂高度2.0 m,并在支管上打孔安装折射式雾化微喷头。每栋温室大棚设支管9条,每条支管设喷头41个,共安装喷头369个,每栋温室需水流量为8.1 $m^3 \cdot h^{-1}$。

滴灌采用内嵌式滴灌管,滴头流量为2 L·h^{-1},滴头密度为每米3个,每根滴灌管都有阀门控制。每栋温室大棚设滴灌管12条,每条滴灌管长度为42 m,共包含滴头1512个,每栋温室需水流量为3.0 $m^3 \cdot h^{-1}$。

图8.3　连栋温室滴灌布置

图8.4　连栋温室喷灌布置

　　每栋温室喷灌与滴灌总流量为 $11.1\ \mathrm{m^3 \cdot h^{-1}}$，每栋温室采用电磁阀控制，分支管道采用手动阀控制。

（二）露天田块灌水器

　　露天田块根据作物种类不同，可同时安装滴灌管、滴灌带或地插式微喷灌喷头，因此采用露天安装的LDPE管道作为支管，并打孔安装同时支持滴灌管和滴灌带的多功能阀门，并采用变径接头将地插式微喷灌喷头安装到阀门上(图8.5)。

图8.5 露天田块滴灌

露天田块采用的滴灌管与滴灌带规格近似,滴头流量为2 L·h⁻¹,每条滴灌管长度为19～46 m不等,每条滴灌管道间距40～80 cm不等。地插式喷头采用与棚内相同的折射式雾化喷头。

露天田块共分为四个灌区,由电磁阀进行控制,灌区内由手动阀控制。灌区根据实际大小,其流量为30～40 m³·h⁻¹。

(3) 干支管道

干管、支管均采用地埋式安装。支管类型为PVC-U管道,管道规格为DN50,设计流量为15 m³·h⁻¹。每条支管向一栋温室大棚供水。干管采用PVC-U管道,管道规格为DN80,设计流量为37 m³·h⁻¹。

第二节 滴灌工程

一、项目概况

安徽省合肥市长丰县岗集镇某薄壳山核桃项目为典型的滴灌工程项目。项目区位于合肥市长丰县岗集镇,项目内容为460亩山核桃节水灌溉(水肥一体化,图8.6)滴灌示范工程。

薄壳山核桃(Carya illinoensis K.Koch),又名美国山核桃、长山核桃,商品名碧根果,为胡桃科山核桃属,是重要的木本油料及食用坚果树种。原产于美国和墨西哥北部的河谷地带,适宜安徽全省栽培。

薄壳山核桃树体高大、枝叶茂密、根系庞杂,适合水肥充足、向阳背风、土层深厚、腐殖质含量高、质地疏松、土壤湿润且通透性好的砂壤土或壤土。项目地位于江淮丘陵地区,为典型丘陵地貌,年降水量充足,土壤为砂壤土,具有优良的种植条件。

图8.6　山核桃滴灌管道布置

二、灌溉设计

项目采用自下而上的设计模式,首先根据作物类型确定灌水器类型和规格,然后根据灌水器规格计算干管、支管规格,最后综合项目地形地貌、水源位置、主干管规格等确定泵房规格,完成整个项目的设计。

(一) 灌水器

薄壳山核桃为喜水作物,但不耐涝、不耐旱。项目区为丘陵地区,地势较高且排水措施完备,不易积水,因此需采用节水灌溉工程定期补水。

为满足薄壳山核桃生长需要,按照300株/公顷的密度栽植薄壳山核桃,同时在每株薄壳山核桃树木根部20~30 cm处设置一处滴灌口(图8.7),每株薄壳山核桃每天的滴灌时间为4~8 h,灌溉流量为4 L·h⁻¹,可在全季节范围内满足薄壳山核桃生长需求。

图8.7　滴灌灌水器

项目地460亩共种植薄壳山核桃约9000株,采用小管出流灌水器作为主要滴灌灌水器,总需水流量为36 $m^3 \cdot h^{-1}$。

项目地道路两侧种植有景观作物,采用折射式雾化喷头灌溉,喷头流量为20 $L \cdot h^{-1}$,安装数量约为200个,总需水流量为4 $m^3 \cdot h^{-1}$。

根据项目区地形与作物种类,共分为四个灌区,其中地势较高的区域为一个灌区,绿化为一个灌区。

(二) 支管

支管采用LDPE管,沿种植方向直线铺设,并在支管上打孔安装小管出流灌水器。支管规格为DN20,支管设计流量为1.5 $m^3 \cdot h^{-1}$,支管长度根据田块形状,具体长度为50~200 m不等。

LDPE管道在生产时由盘管机卷成一卷,每卷长度为200~500 m,可根据客户需求进行定制。管道在安装时可以通过管道接头快速连接,铺设完成后采用快速打孔器打孔安装小管出流灌水器,铺设速度很快。

(三) 干管

干管采用HDPE管道,管道规格为DN50,设计流量为15 $m^3 \cdot h^{-1}$。干管从泵房引出至各灌区。

HDPE管道具有较好的柔韧性,可在铺设时进行一定程度的弯折,对于丘陵地区的适应性高于PVC管道。

（四）泵房设计

为保证各个地块内支管末端与泵房的距离几乎相同，这样能够最大限度地降低管道内部摩擦对管道水头的损耗，同时保证各田块在灌溉时管道内水压相同，所以将泵房设立在整个核桃种植园区的中间位置。

水肥一体化泵房（图8.8）为活动板房，占地面积为35 m²，泵房与天然水塘的距离为20 m，为保证取到天然水塘内的上层水，泵房内并未使用离心泵，而是在水塘内使用潜水泵与浮筒的结构，通过多个浮筒使潜水泵浮于塘水上层。潜水泵与泵房内过滤器设备通过HDPE管道相连接，并通过柔性接头缓冲水泵因水位变化造成的管道弯曲。

图8.8　水肥一体化泵房

泵房内主要配置有智能灌溉控制柜、砂石过滤器、叠片过滤器、施肥机、肥料搅拌桶、安防监控设备等。

智能灌溉控制柜安装有操作面板，操作面板控制水泵恒压供水，控制施肥设备完成施肥，同时具有远程通信功能，可在网页端或手机APP端同步操作。砂石过滤器为2通道自动反冲洗过滤器，叠片过滤器为2通道自动反冲洗过滤器。施肥机为3通道施肥机，配有搅拌桶及搅拌器。

泵房内灌区均设有手动阀门与电磁阀，其中电磁阀为主要阀门，手动阀作为备用阀与检修阀门。

参 考 文 献

[1] 曹怡.先进装备业助推产业振兴:以安徽省部分市县为例[J].农业工程,2021,11(3):144-147.

[2] 虞新波,徐向东.试论安徽省南部地区农业机械化发展存在的问题及其对策[J].经济研究导刊,2021,(11):38-40.

[3] 刘玉.我国水资源现状及高效节水型农业发展对策[J].农业科技与信息,2020(16):80-81,83.

[4] 刘长顺,张景奎,郑继,等.安徽小型农田水利灌溉设施应用现状与发展分析[J].安徽农业科学,2021,49(3):214-216,221.

[5] 吴海中,田晓四,陈保平.安徽省粮食产量时空格局变化及安全评价[J/OL].东北农业科学,1-11[2021-05-14].

[6] 吴江."耐特菲姆"的中国之旅:访以色列耐特菲姆现代灌溉和农业系统公司中国总经理李勇[J].中国农资,2010(9):66-68.

[7] 张承林.以色列的现代灌溉农业[J].中国农资,2011,(9):53.

[8] Abdumutalipova H, Botirov A. Drip irrigation technology and its impact on the environment[J]. ACADEMICIA: an International Multidisciplinary Research Journal, 2021, 11 (3):1152-1154.

[9] Antonio JoséSteidle Neto, Sérgio Zolnier, Daniela de Carvalho Lopes. Development and evaluation of an automated system for fertigationcontrol in soilless tomato production[J]. Computers and Electronics in Agriculture, 2014, (103):17-25.

[10] Ao S I, Douglas C, Grundfest W S, et al. Integration of irrigation system with wireless sensor networks: prototype and conception of intelligent irrigation system. WCECS 2018 [J]. World Congress on Engineering and Computer Science, 2018, 1:56-62.

[11] Bai Y L. The situation and prospect of research on efficient fertilization[J]. Scientia Agricultura Sinica 2018, (51):2116-2125.

[12] Sun G X, Li X, Wang X C. Design and testing of a nutrient mixing machine for greenhouse[J]. Engineering in Agriculture, Environment and Food fertigation, 2015, 8(2):114-121.

[13] He J. A brief discussion on the research status of subsurface drip irrigation technology in China[J]. Conference Series: Earth and Environmental Science, 2021, 651: 032051.

[14] Li J W, Zhang M, Zhao Y. Design and Implementation of intelligent irrigation and fertil-

ization system in greenhouse[J]. Proceedings of The 2019 31ST Chinese Control and Decision Conference, 2019:3873-3877.

[15] Li Y Y, Pang H C, Yu TY, et al. Evaluation of agricultural water use efficiency and regional irrigation strategies in China based on GIS[J]. Software Engineering and Knowledge Engineering: Theory and Practice, 2012:473-481.

[16] Linux Lab[EB/OL]. (2021-06-03)[2021-6-19]. https://gitee. com/tinylab/linux-lab.

[17] Math R.K, Dharwadkar N V. IoT based low-cost weather station and monitoring system for precision agriculture in India[C]// 2018 2nd International Conference on I-SMAC (IoT in Social, Mobile, Analytics and Cloud). 2018:81-6.

[18] Moncef H. Optimizing emitters' density and water supplies in trickle irrigation systems [J]. American Journal of Water Science and Engineering, 2019, 5(1):16.

[19] Research and Development of Management Platform for Precision Ecological Agriculture Based on the Internet of Things[C]// 2011 International Conference on Future Computer Science and Application, 2011, 3:28-31.

[20] Shattuck T J. Stuck in the middle: Taiwan's semiconductor industry, the US-China tech fight, and cross-strait stability[J]. Orbis, 2021, 65(1):101-117.

[21] Sun G X, Li X, Wang X C, et al. Design and testing of a nutrient mixing machine for greenhouse fertigation[J]. Engineering in Agriculture, Environment and Food, 2015, 8 (2):114-121.

[22] 柴付军.棉花膜下滴灌灌溉制度及水肥耦合技术研究[D].北京:中国农业大学,2005.

[23] 陈川,卢鑫,郭翔宇,等. 基于4G的无线遥控电磁阀设计与实现[J].四川水利,2020,41 (6):142-145.

[24] 杜建斌.旱灾对我国粮食主产省粮食产量的影响及抗旱对策研究[D].杭州:中国农业科学院.2020.

[25] 费战波,王鹏,梁红志,等.智能阀门灌溉自动化控制系统在高效节水灌溉领域的应用 [C]//第三届全国农用塑料设施大棚、温室栽培技术交流会交流材料汇编.中国园艺学会, 2017:112-121.

[26] 黄语燕,刘现,王涛,等.我国水肥一体化技术应用现状与发展对策[J].安徽农业科学, 2021,49(9):196-199.

[27] 冀荣华,吴才聪,李民赞,等.基于远程通信的农田信息管理系统设计与实现[J].农业工程学报,2009,25(S2):165-169.

[28] 李红,汤攀,陈超,等.中国水肥一体化施肥设备研究现状与发展趋势[J].排灌机械工程学报,2021,39(2):200-209.

[29] 李坚,刘云骥,王丹丹,等. 日光温室小型水肥一体灌溉机设计及其控制模型的建立[J]. 节水灌溉,2017(4):87-91.

[30] 李平衡.我国农业水资源利用存在的问题及对策分析[J].农村经济与科技,2016,27(1):

39-40，42.

[31] 李盛宝.微灌复合网式过滤器的设计及性能试验研究[D].郑州:河南农业大学,2020.

[32] 梁栋.基于PLC的温室远程监控系统设计[D].保定:河北农业大学,2019.

[33] 林德颖,官飞.基于wecon云平台和HMI对农业温室LED灯控制系统研究[J].时代农机,
2019,46(8):41-42,44.

[34] 林天翔,冯少孔,叶冠林,等.大型压力输水管道泄漏监测方法的试验研究[J].振动与冲
击,2021,40(5):136-142.

[35] 刘成良,林洪振,李彦明,等.农业装备智能控制技术研究现状与发展趋势分析[J].农业机
械学报,2020,51(1):1-18.

[36] 刘洪静,李黎,高金辉.基于模糊PID控制的节水灌溉智能控制系统设计[J].节水灌溉,
2020,(2):88-91,95.

[37] 刘庆.叠片过滤器设计选型和系统布置要求及应用研究[C]//2015年7月建筑科技与管理
学术交流会论文集.北京恒盛博雅国际文化交流中心,2015:27-28.

[38] 刘忠诚.基于STM32的嵌入式多串口服务器的研究与设计[D].大连:大连交通大学,
2018.

[39] 陆庆志,聂雄.基于ENC28J60的串口服务器设计[J].仪表技术,2021(4):23-26.

[40] 马妍,刘振海,刘陆涵,等.三种环境材料复合对土壤水肥保持同步增效的影响[J].农业环
境科学学报,2017,36(12):2471-2478.

[41] 漆永前,马翔堃.土壤墒情信息采集与远程监测系统及其应用[J].现代农业科技,2021
(5):191-192.

[42] 沈建炜.基于物联网技术的蓝莓园智能灌溉系统设计[D].镇江:江苏大学,2019.

[43] 苏静池,韩改宁,李永锋,等.基于无线传感器网络的智能灌溉系统的设计[J].物联网技
术,2020,10(10):65-69.

[44] 孙玉涵,郑莉玲,张新伟.大水位变幅下库区取水泵站水泵机组变频调速研究[J].灌溉排
水学报,2019,38(S2):91-95.

[45] 王杰,马军,宋昌博,等.温室大棚智能水肥一体机的设计与试验[J].农机化研究,2021,
43(12):98-103,109.

[46] 王铁英,王仰仁,战国隆,等.基于实时含水率数据的土壤墒情动态建模及预测[J].中国农
业气象,2021,42(1):13-23.

[47] 王心然,陈金凤.我国农业水资源利用问题分析[J].科技创新与应用,2012,(2):96.

[48] 吴迪,李余进,黄兆波,等.模糊PID和变频器在地下恒压灌溉控制系统的应用[J].自动化
与仪表,2019,34(4):19-23.

[49] 吴泽枫,李成刚,宋勇,等.基于云服务器的工业机器人远程监测系统[J].机械制造与自动
化,2020,49(6):153-155,172.

[50] 伍大利.滴灌施肥对春玉米产量、养分水分利用效率及根系分布的影响[D].北京:中国农
业大学,2018.

［51］ 夏华猛.水肥一体化固体肥混施装备及其控制系统研发［D］.镇江：江苏大学，2020.

［52］ 谢文胜.基于 ZigBee 组网的设施温室水肥一体化灌溉系统的研究［D］.广州：仲恺农业工程学院，2019.

［53］ 徐聪，周武郁，李明.基于 PLC 和总线网络的智能灌溉监控系统设计［J］.南方农机，2020，51（19）：54-55.

［54］ 闫华.典型作物设施农业灌溉决策系统研究与实现［D］.北京：中国农业大学，2016.

［55］ 杨培岭，鲁萍，任树梅，等.叠片过滤器水力和过滤性能综合评价方法研究［J］.农业工程学报，2019，35（19）：134-141.

［56］ 袁洪波，李莉，王俊衡，等.温室水肥一体化营养液调控装备设计与试验［J］.农业工程学报，2016，32（8）：27-32.

［57］ 臧苏莹，孔良栋.基于三层 C/S 模式的嵌入式系统交互设计［J］.现代电子技术，2021，44（1）：10-13.

［58］ 詹宇.基于 PLC 的果园灌溉施肥决策和控制系统设计［D］.保定：河北农业大学，2020.

［59］ 张宝峰，陈枭，朱均超，等.基于物联网的水肥一体化系统设计与试验［J］.中国农机化学报，2021，42（3）：98-104.

［60］ 张景奎，刘长顺，徐良，等.安徽淮北平原地区节水灌溉发展模式探析［J］.安徽农业科学，2019，47（7）：215-217，224.

［61］ 张峻豪，张晓龙，王聪，等.嵌入式以太网串口服务器设计与实现［J］.软件导刊，2021（9）：123-129.

［62］ 张晏纶.中美战略竞争下两岸半导体产业发展问题研究［D］.北京：北京大学，2021.

［63］ 张智祥.基于 Linux 的示波器校准仪本控软件设计［D］.成都：电子科技大学，2018.

［64］ 郑雪松，王晓旭，张传伟，等.基于泵注肥法智能配施肥机设计与应用［J］.农业与技术，2021，41（2）：62-65.

［65］ 周子超.SCPI 在示波器中的实现及其在上位机上的应用［D］.成都：电子科技大学.2016.

［66］ 张超.水肥一体化滴灌管网优化设计与试验研究［D］.广州：广州大学，2019.

［67］ 徐志龙，乔晓军.自动监控技术在设施农业生产中的应用系列（三）［J］.农业工程技术（温室园艺），2008，（6）：15-16.

［68］ 郭元裕主编.农田水利学［M］.2 版.北京：水利电力出版社，1986.

［69］ Keller J，Bliesner R D. Sprinkler and trickle irrigation［M］. New York：Nostrand Reinhold，1990：537-550.

［70］ David K，Smith，Godfrey A，et al. An evolutionary approach for finding optimal trees in undirected networks［J］. European Journal of Operational Research. 2000，（120）：593-602.

［71］ 李加念，洪添胜，冯瑞珏，等.基于脉宽调制的文丘里变量施肥装置设计与试验［J］.农业工程学报，2012，28（8）：105-110.

［72］ 李志忠，滕光辉，姜建平，等.基于嵌入式 Web Server 灌溉控制器的设计［J］.中国农村水利水电，2006，（9）：1-3.

［73］ 周亮亮.温室 PLC 模糊灌溉施肥控制系统研究［D］.昆明:昆明理工大学,2013.

［74］ 陈凤,赵春江,郑文刚,等.基于 PLC 技术的农业节水灌溉自动控制器的设计与应用［J］.节水灌溉,2010,(2):13-16.

［75］ 李恺,尹义蕾,侯永.中国设施园艺水肥一体化设备应用现状及发展趋势［J］.农业工程技术,2018,38(4):16-21.

［76］ 师志刚,刘群昌,白美健,等.基于物联网的水肥一体化智能灌溉系统设计及效益分析［J］.水资源与水工程学报,2017,28(3):221-227.

［77］ 赵兴杰,杨彦,尹艳莉,等.基于物联网的水肥一体化技术设计与应用效果分析［J］.农业技术与装备,2017,(5):8-10.